住宅格局全攻略：
户型优化的
112 个秘诀

[日]主妇之友　编

黄若希　译

江苏凤凰科学技术出版社

序

室内设计的
第一步该做什么

O1 第一步要做的并不是"收集信息"

虽然每个人在打造自己家的时候都有不同想法，但相同的是都想设计出"有自己风格的家"。只有符合自己的喜好的家才能给住在里面的人带来满足感。

你是否有时觉得家里跟自己相关的东西比较少？穿在模特身上好看的衣服不一定适合自己，同样，如果家的风格不适合自己，那么设计得再好，也不可能住得舒心。因此设计自己家的第一步，就是要从了解自己的喜好开始。

切记不要从"信息收集"这一步开始设计。研究杂志、上网检索、逛家居展览等会获得很多信息，而要从这些收集到的信息中找出自己的喜好，则是十分困难的。这样容易陷入模仿他人案例窠臼中。我们要优先"找出自己真正的喜好"。

O2 回忆自己心情最愉悦的一次经历

接下来介绍找到自己喜好的方法。尽量离开自己家，去旅行，或者去海边、森林、咖啡店等地方放松，记住，不要带任何纸笔或电脑。

首先，试着回忆自己到现在为止心情最愉悦的一次经历。比如说晒太阳时，冬天懒洋洋地在壁炉前烤火时，参加聚会时，沉浸在美妙的音乐中时，呼吸着阳光的味道时，听到柴火发出的"哔啵"声时，回忆声音、味道、肌肤的触感等五官的感受。

然后，试着回忆感受到这些情感时所处的空间，比如在老家的外廊上，能晒太阳的温泉酒店等。通过对自身的探寻，找到"能够让自己心情愉悦的空间"。为了找到这样的空间，推荐大家试着去旅馆、旧民房、美术馆等地方逛一逛。

03

从喜欢的杂货中联想室内设计

接下来试着寻找自己喜欢的材料吧。最直接的方法就是实际感受各类材料。推荐大家买一些自己喜欢的材料，然后摆放在家中，在生活中实际感受材料。

室内设计和户型改造的风格会体现在对家居、杂货以及餐具的选择上。喜欢朴素的茶杯的人和喜好优雅的欧式茶具的人，他们心中理想的居室是完全不同的。此外，也可以先找到自己想要的家具，然后想象家具的摆放，比如"想在这种纯白无瑕的餐桌上吃饭""想把这个古色古香的柜子放在墙边"等。当然，不一定非要买具体的家具，看照片也可以。

挂钟也很重要。考虑好把什么钟挂在什么地方后，墙壁的大小和室内设计的方向性也就明确了。

04

试着用照片或文字描述出理想的设计方案

想象让人心情愉悦的空间或找到自己喜欢的材料后，我们试着用语言描述出来。要跟设计师说出自己的喜好，不要在意说话的顺序，重要的是要把自己的想法原封不动地表达出来。发明家在创造某种东西时也常常如此。通过语言的描述，原本模糊的想法会变得具体，更容易掌握。

之后，就轮到杂志和网络出场了。将"自己想要的东西"视觉化并加以描述。收集一些自己喜欢的照片，比如街角的风景、小物件、时装店、花等，从而将原本模糊的想象可视化。如果看到喜欢的住宅照片，也把它剪下来用于描述。与其给杂志贴上标签堆在一起，不如把它们分别剪切，做成一本"收集喜欢物品的杂志"，活学活用。

05

创作理想中的家的剧本

在制定计划前还需完成一件事——"剧本创作"。这并不是让你思考"要设计成几居室""每个房间多大"，而是要把它作为家庭的故事，试着把你在这里的生活写成剧本。

剧本不要有"明亮的""宽阔的"等毫无新意的字眼，尽可能地用生动形象的、自己的语言进行描述。虽说是剧本，但也不需要起承转合，只需要把想象中的场景描绘出来就好。比如"在暖洋洋的外廊上睡午觉""整

理家务的间隙喝着咖啡""享受温泉的气氛"等。

剧本完成后，住宅梦想也容易实现了。剧本从设计最初到最后都很有作用。实行计划的过程中如果有烦恼或者困惑，再读一遍剧本就会迎刃而解了。舒心的家不是价格高的房子，也不是面积大的房子。以自己为主角来演绎你写的"剧本"，这比什么都重要。一定要以此为前提进行设计。

目录

第一章
打造舒适住宅

摄影协助：明野岳司、美佐子（明野设计一级建筑师事务所）、大塚泰子（Noanoa 空间设计工房）、小山和子、涌井辰夫（Plan Box 一级建筑师事务所）
照片：A 宅设计 /KURASU 工作室

室内设计前的重点

06

先考虑大致设计，再研究细节

设计初期需要安排好优先顺序。要把无论如何都不能退让，或者后期无法更改的地方（比如居室安排）放在最优先的位置，细节可以容后再议。

对于首次进行室内设计的人来说，很容易在细节上纠结，比如面对面式的厨房、餐厅、地暖等。然而，就算完成了所有细节，也不能说已经创造出了舒适的家。我们拿自己来打比方。一个人即使同时拥有容貌、学历、收入和时尚感，也不一定是充满魅力的。相反，很多人身上就算有不完美的地方，也不妨碍整体的魅力。

室内设计也是如此，仅仅完成所有细节，肯定不能打造出舒适住宅。首先要大体上制定具有吸引力的计划，再往里面加上细节。试着用这种方式来进行室内设计吧。

07

预算不多的情况下，实现低成本设计

"预算不够就设计不出理想的家""低成本设计很难实现"，虽然我们经常听到这样的声音，但事实果真如此吗？极端来说，就算有300万元的预算，如果你的理想住宅价值600万元，那也不可能实现，反而会在如何削减预算上花费大量的心血。

预算不足遇到的困难都是因为理想和现实的差距。如果在预算不多时，做出让步的话，那么不需要花费太多心血也能打造出舒心的家。

重点是，要在列出"不能妥协的部分"的同时，也要列出"可以妥协的部分"。比如说如果对客厅的要求是无论如何都不能妥协，那么厨房、洗手间、电器等就适当妥协。只要多提出几种可能性，哪怕是低成本也能打造出充满魅力的家。

08

把"变化"控制在可以预测的范围之内

考虑到将来家族成员的变化，预留可以自由变动部分的方案称为 "可变性方案"。家是要住很多年的地方，因此考虑变化非常重要。不过要注意可变性的方案的劣势。比如，被隔开的儿童房。开始是单间，可以通过隔断墙等隔成两个房间。这个方案在今后家族成员增加时是有效的，但会出现窗户的面积不均等、很难设置插座位置等缺点。虽然这并不是大问题，但会对现在的生活带来不便。如果想到将来的变化，设置一两个可变的地方也可以。此外，更换餐厅的东西，看把壁橱做成可移动式的，也能体现可变性。

厨房的配餐台并不是固定的而是可移动的。可以自由地分隔开餐厅和厨房的空间。（佐野宅设计／明野设计一级建筑师事务所）

09

不要害怕失败

最近在设计中，似乎有很多人追求"绝对不要失败"。当然，装修房子也许一生就一次，有这种心情很正常，但如果过于上心，就很难放下执念。

经验丰富的设计师很容易提出普通人无法想象的舒适宜居的方案。设计师所追求的是房主接受方案的灵活性和包容性。如果害怕失败，那么就失去了委托设计师进行设计的意义，是打造"想要的家"，还是"比想象中还要好的家"，全靠房主的意愿。要信赖设计师。

10

使用前先弄清材料的特质

家是要长久居住的地方，所以外部装修和室内设计最好都能使用质量好、能够长年使用的材料。地板最好选用纯木材。外墙用混凝土不容易弄脏。石灰泥、硅藻土等是历久弥新的材料。树脂制品、塑料制品或铝制品等材料不具有能随时间流逝而沉淀出韵味的特质，但在性能方面也有其优势。比如，塑料制品有节省成本、易清洁、伸缩性强、出现裂缝也不显眼等优点。此外，我们不清楚自己的喜好在将来会有怎样的变化。房子本身的设计或材料最好使用基本款，家具或室内装饰物以及照明用品等之后可以轻松替换的东西则推荐选用当季流行的款式。

地段的辨别、选择方法

11

通过实地考察掌握市场行情

　　土地的价格是根据"供给和需求的平衡"来决定的。也就是说，一块地想要的人越多，价格就会越高，地段条件越恶劣，价格就越低。有的地方虽然作为不动产投资价值很低，但如果通过设计也能打造一个宜居的家，预算较低时，也可以选一块便宜的地。如果能降低购房费用，装修预算就能增长了。大部分人都无法轻易决定购房地段。建议大家多进行实地考察，掌握市场行情，就能顺利作出判断。来我们事务所咨询的客人大都看了100多个地方，推荐大家一定要尽可能多地亲自前往实地考察。

12

便宜没好货

　　包括购买房屋在内，只要是买东西都一样，要注意"毫无理由的降价"。如果找到了比市场价更低的地方，一定要弄清楚低价的原因。比如外部防护墙有高低差的土地，看起来很结实的防护墙，如果没有官方鉴定认可，那也会被视为危墙。还有，如果房屋建在地基较差的土地上，根据不同情况可能会需要地基改良费，因此一定要实地考察。还需要考察下雨的时会不会漏水等问题。

13 通过设计方案能够解决的问题

　　大部分人喜欢坐北朝南的房子，但其实朝北的住宅也有很多优点。既可以抵挡刺眼的阳光，又能保证室内明亮，室内光线不是逆光而是正光，树木、花草也向房子这一边盛开，等等。首先要摒弃坐北朝南的执念。在旗杆地上的房子，由于从道路到玄关的通道很长，则可以作为孩子的游乐场所，或者可以在道路旁设置特征明显的属于自己家的标志。在狭窄的土地上，如果在房子的对角线上开一个窗口，就能打造出室内的距离感，让人觉得更宽敞。即使房子在南北向的狭长土地上，只要制定好设计方案，也能打造出宽敞舒适的住宅。

将旗杆地的劣势活用于生活

在通向道路的旗杆地上铺上枕木，点缀植物，可以打造一个美丽的通道，还可以作为孩子的游乐场所。建筑物是两代人一起居住的大住宅。在二楼视野好的部分设置一个露台。（原宅设计 /Plan Box 一级建筑师事务所）

通过两个连廊采光和通风，打造舒适的小住宅

土地大小约为 25 m²，在东西对角线上各开一个连廊后，客厅和餐厅立刻就显得宽敞起来了。东边的连廊可以兼做玄关也是一个重点。没有玄关大厅，直接进入客厅。（岩佐宅设计 /Plan Box 一级建筑师事务所）

14

在土地上条件不好的地方建房子

买下土地后，为了更好地掌握土地的特征从而用于房屋设计方案，可以制作"土地标签"。把周围的建筑物都画进去，一边贴照片一边记录需要注意的地方。在哪里建房子、各个房间放在哪里、窗户应该朝向哪个方向开得大一些等，都以此为依据。

为了尽可能利用土地，有一种方法是在光照不好、昏暗潮湿的地方建房子。如果在条件好的地方建房子而留下条件恶劣的地方，恶劣条件的用地就无法得到改善。无论剩下多少空间，也无法指望这块地发挥价值。而如果在条件不好的地方建造房子，就能积极地改善恶劣条件，房子和庭院都能舒适地派上用场。如果窗外是光线良好的庭院，还能建造连廊。

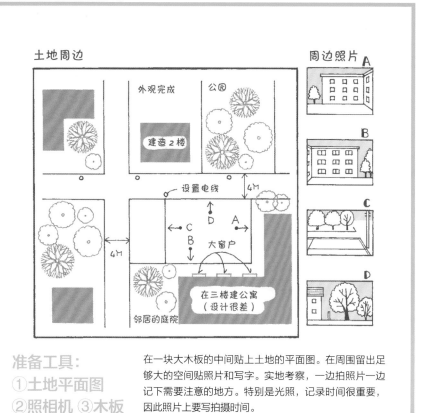

准备工具：
①**土地平面图**
②**照相机** ③**木板**

在一块大木板的中间贴上土地的平面图。在周围留出足够大的空间贴照片和写字。实地考察，一边拍照片一边记下需要注意的地方。特别是光照，记录时间很重要，因此照片上要写拍摄时间。

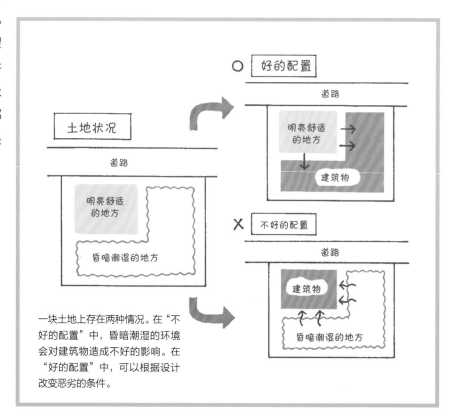

一块土地上存在两种情况。在"不好的配置"中，昏暗潮湿的环境会对建筑物造成不好的影响。在"好的配置"中，可以根据设计改变恶劣的条件。

15 将每一个角落都作为生活空间使用

安排住宅布局的要点是张弛有度地利用每一个地方。能用的地方就用到极限为止，需要留白的地方就留出空白。空地不一定要局限在某个地方。需要避开住宅周围半架空的地方。比如，如果只有南面宽敞，其他三面都离邻居只有1m左右的空间，那么住宅周边的空地就只能做通道用了。独栋住宅的好处就在于可以充分考虑住宅旁边的空间。不要"先建房子，剩下的地方就做庭院"，而是要将"所有空间都作为生活场所"来考虑，不分住宅内外进行设计。

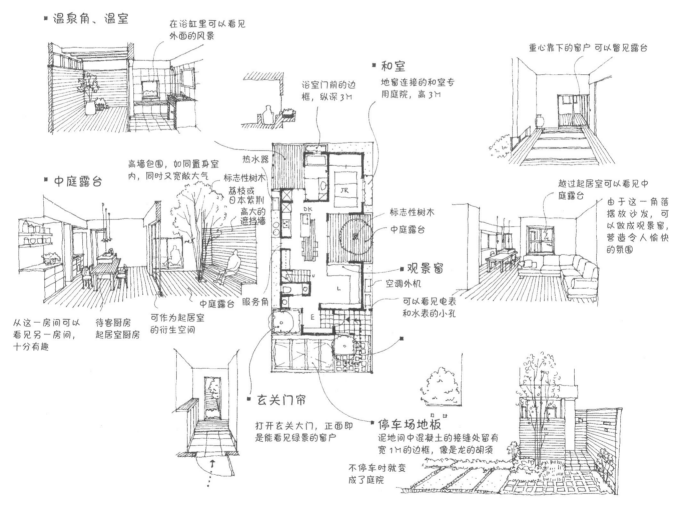

■ 温泉角、温室
　在浴缸里可以看见外面的风景

浴室门前的边框，纵深3M

■ 和室
　地窗连接的和室专用庭院，高3M

重心靠下的窗户 可以瞥见露台

■ 中庭露台

高墙包围，如同置身室内，同时又宽敞大气

标志性树木
荔枝或
日本紫荆
高大的
遮挡墙

热水器

标志性树木
中庭露台

越过起居室可以看见中庭露台

由于这一角落摆放沙发，可以做成观景窗，营造令人愉快的氛围

■ 观景窗
　空调外机

从这一房间可以看见另一房间，十分有趣

待客厨房
起居室厨房

可作为起居室的衍生空间

中庭露台　服务角

可以看见电表和水表的小孔

■ 玄关门帘

打开玄关大门，正面即是能看见绿景的窗户

■ 停车场地板
　泥地间中混凝土的接缝处留有宽1M的边框，像是龙的胡须

不停车时就变成了庭院

○宅的设计

这是将住宅周围的空地全部作为生活空间进行活用的一个例子。细长而狭小的空间可以作为通道、走廊或者篮球场使用。仅有30cm左右的空间也可以种上植物，做成落地窗眺望美景。（设计/Plan Box 一级建筑师事务所）

16 不想被人看见的东西藏在后院

　　住宅的外墙上需要安装一些设备，比如空调的室外主机、热水器等。如果一开始就规划好安装的地方，就不会破坏外观设计。

　　如果还有空间，最好设置后院用围墙围起来，把不想露在外面的东西全部藏起来。如果土地面积狭小，可以把这些东西分散地布置在周围的空地上。由于空调的室外主机不高，可以藏在窗户下面。热水器嵌入外墙的某个部分，看起来更清爽。重点是找到不影响外观设计，室内看不见，在中庭或连廊上也注意不到的地方。如果实在没办法只能在看得见的地方设置的话，可以用木栅栏围起来，或者再做一个搁架放植物，这样也不会引人注目。此外，煤气的计量表要放在不进门收费人员也能看见的地方。

事先计划好放垃圾的地方，保证生活场所的干净美观

玄关的左边有个临时垃圾场。利用空地，准备好生活中不可或缺的基础设施。此外，二楼的厨房为了放垃圾从右边的矮窗上接一个露台。（设计 /Plan Box 一级建筑师事务所）

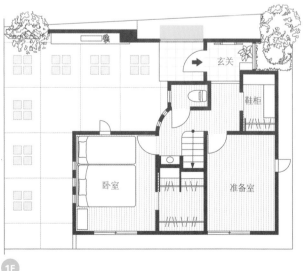

简易车库旁边设置石头榻榻米风格的通道，留出能步行通过的距离。玄关前做一个圆形的露台，回家时能享受一边看风景，一边进屋的乐趣。（设计／山冈建筑研究所）

从大门到玄关的石灰石小路。铁栏杆或石头上用橄榄枝等柔软的木材点缀。可以一边欣赏风景一边走向屋内。（设计／Plan Box 一级建筑师事务所）

这是拥有两个玄关的住宅，一个是从通道直接进入的客用玄关，一个是通过车库进出的家用玄关。客用玄关上不要堆太多生活用品，以便让客人欣赏充满个性的室内设计。家用玄关离厨房很近，实用性很强。（设计／Plan Box 一级建筑师事务所）

17 赋予玄关通道故事性

从道路通向住宅的通道就像是故事的起源。不要单纯设置在容易进入的地方，而尽可能迂回曲折，并种上植物，让人享受漫步的乐趣。此外，玄关并不局限于一个。也可以设置两个玄关，一个是从通道直接进入的客用玄关，一个是通过车库进出的家用玄关。这种情况可以直接把车库和家用玄关连接起来。如果从通道上能看见屋内的阳光，就能够自然而然地流露出家的氛围，让人觉得安心。但是，一定要特别注意门的朝向。

窗户的设计方式

18

窗户的大小决定室内墙壁的布局和面积

　　凿出窗口后，周围留下的就是墙壁。也就是说，在哪里开多大的窗户，决定室内墙壁的布局和面积。墙壁的数量影响居住心情。如果事先计划好家具的位置等，可以在极大程度上决定居住的舒适程度。特别是要预留出餐桌或沙发等大型家具的位置。如果为了让室内变得明亮通透就多开几个窗户，那么这些大型家具就很难安排布局。如果在沙发的位置开一扇内开窗，坐在沙发上就会把自己完全暴露在窗户外，容易失去安全感。窗户的位置不仅和外部有关系，也和室内生活的人息息相关，设计时必须考虑双方平衡。

沙发摆放在较大的墙壁旁，打造让人安心的客厅

和邻居家紧挨着的那面墙肯定是没有窗户的。由于沙发的背后就是墙壁，可以打造出一个让人安心的空间。风可以通过左右两边的窗户流通。白墙和木制天花板的搭配也具有平衡感，让人赏心悦目。（设计／明野设计一级建筑师事务所）

19 平衡风景和生活

　　窗户最好朝南。特别是在住宅密集区，要仔细了解和邻居家的位置关系，保护双方的隐私。在此基础上，选择视线好或风景佳的位置，决定窗户的位置、大小、种类（推拉窗、百叶窗，还是外推窗等）。

　　和邻居家相邻的墙壁最好不要开窗口，如果一定要开，那么推荐用高窗。而且不要开在中间而要开在角落，这样不仅能保护隐私，视野也会更好。住宅楼设计得错落有致也是为了拉开邻居之间的距离，保护彼此的隐私。如果想要通风透光良好且防盗性能高的窗户，推荐百叶窗和平推窗。玄关、楼梯等很难在墙壁上开窗户的地方，虽然也可以开高窗用于采光，但可能会导致维修困难等问题。

借景

在能看见邻居家绿植的方向设置一扇观景窗，感受四季风光。

角窗

面向道路的一侧开一扇角窗。既能让室内显得宽敞，又能让那个角落变得明亮。

邻居家

邻居家

道路

I宅的设计方案

这是在四面住宅林立的旗杆地上，有效地设置了窗户位置的I宅。在视线容易通过的地方设置角窗，或者做一扇没有窗户的墙壁，这是在住宅密集区才有的设计。（I宅设计 / 明野设计一级建筑师事务所）

DN

DN

LDK

冰箱

阳台

2F

N

高窗

为了让二楼整体都能感受到光照，设置一扇从室外看不到里面的高窗。

邻居家

竖长窗

厨房的窗户设计成邻居看不到的角度。因为是对开，通风效果非常好。

用能听见街道上的声音的露台将住宅和街道连接起来

在二楼的"LDK"上接一个露台。对着街道的一侧只有栏杆，做成开放式，可供孩子玩耍，朋友在楼下呼喊自己时也能听见。对着邻居的一侧立一根用来遮挡的栏杆，可以保护彼此的隐私。（设计/明野设计一级建筑师事务所）

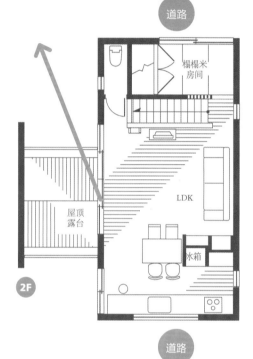

20
窗户可以作为街道的连接点

　　天黑后回到家，上楼时看见亮着的灯光，便会感觉到家庭带来的幸福感。实现这一瞬间的幸福感的，正是对着街道的那一扇窗户。有的住宅因为过于重视防盗和隐私，不在对着街道的那面墙上开窗户。不过为了和附近的邻居建立良好的关系，在对着街道的墙壁上开窗也很重要。

玻璃制作的楼梯，上下更开心

女主人希望拥有一个从天花板或墙壁到楼梯中间的平台均使用玻璃制作的楼梯间。光线可以从天窗一直照到一楼，风景也会随着人们一点一点地移动而变化，这比仅用于上下的楼梯更有乐趣。（辻宅设计/Freedom 建筑设计事务所）

楼梯间的窗户可以借公园的风景

这个房子的背面是公共绿地，西面是公园。我们设计了一扇窗户。从位于楼梯间的观景窗望出去可以看见公园的风景。设置在楼梯周围的图书角也有充足的采光。（设计/A Seed 建筑设计事务所）

将能够切身体会四季变幻的中庭设置在楼梯口

视线越过玻璃，能看见中庭种着一棵枫树。每次上下楼梯都能享受到四季变幻的乐趣。访客在进入玄关之后，也能一边欣赏中庭一边往楼上走。（设计/Studio Style 工作室）

21 考虑视线的方向，设计窗户

　　还有办法可以让人在走廊或楼梯等空间内走动时，首先把视线投向窗户。比如，在上楼的地方设置一扇窗户，每次从二楼下来都能享受看风景的乐趣。走廊上的窗户也不要开在左右两面墙壁上，而在走廊尽头开窗。人向着目的地走去时，窗外的景色一览无余，能够感受到不属于自己所处的这一空间的宽敞和明亮。这种情况下，如果窗户外有屏障就大煞风景了。窗户要尽可能地开在视线能看得更远的地方。或者在窗外种树，做成观景窗。窗户不要选用中间有横杠的外推式，而要选择能够完整取景的类型。窗户开在房间角落的设计方案中，设置在视线可以看得更远的地方，不仅能更好地看见外面的景色，还能带来宽敞的视觉效果。

22 制造风景的方法

住户希望从窗户可以看见绿植、天空，或远处的街道等风景。但市中心的住宅区很难实现。虽然避开了邻居家的窗户，但映入眼帘的也只有建筑物外墙或阳台。这种情况要尽可能隐藏多余的东西，只专注于看得见的风景。比如，邻居家的绿植，或是眼前古朴的栅栏。打造一扇只能看见树木的高窗，或是提高阳台扶手的高度，把注意力放在能够借景的地方。

不想被人看见的东西如果在上面，就用屋檐遮挡，如果在侧面，就打造一面翼墙。根据视线不同，采取不同的设计方案。为此，仔细确认周围的状况非常重要。一定查看四周风景，把想看见的东西和不想看见的东西体现在设计方案中。

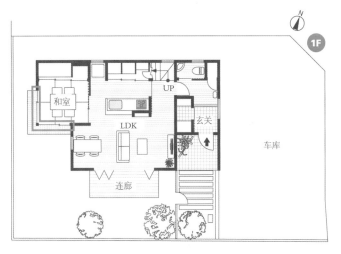

通过落地窗可以看见旁边的竹林

这是和LDK连在一起的和室。通过落地窗可以看见旁边空地上的竹子。恬静的风景可以营造安心的住宅氛围。把窗户做成拐角状，可以打造出屏风的感觉，让人产生比实际面积更宽敞的感觉。（井上宅设计／光与风设计室）

一边眺望绿植一边沐浴，On-Off 切换

顺着躺在浴缸中视线的位置高度开一扇窗，窗外是中庭。美丽的风景自然而然地映入眼帘。浴室做成酒店风格，可以自由切换工作模式和放松模式。（尾崎宅设计／谷田建筑设计事务所）

采光用的高窗只能看见树叶

楼梯间的窗户设计成刚好能看见隔壁家树木树叶的高度。外面的视线被墙壁挡住，采光良好，且只看得见想要看见的风景。春天赏樱花，秋天看果实。（设计／Polatect House）

23

飘窗也能呈现效果

　　由于制作方法的不同，飘窗可以产生多种效果。窗台部分用盆栽进行装饰的齐腰飘窗，墙壁到玻璃窗的深度是自己家和邻居家之间的缓冲，也能保护隐私。比齐腰飘窗稍微矮一点的飘窗可以做成长凳式，瞬间增加了用途。嵌着玻璃的地方不一定是飘窗的正面。比如，只将突出的那一面做成玻璃，正面做成墙壁。飘窗上方照进来的阳光沿着白色的墙壁延伸，既不用担心窗外视线，又能保证采光。此外，还可以把正面做成墙壁，突出部分的左右两边采用上下式推窗或百叶窗。这样不仅可以在阻挡视线的同时获得采光，还可以让窗与窗之间具有通风性。

长凳式飘窗，可以打造休闲空间

客厅一角的飘窗设计成可容纳一个大人坐下的高度和宽度。阳光照进来，这里就变成了一个休闲放松的好地方。飘窗的宽度和深度被扩大，视野也开阔起来，对于狭小空间来说效果更佳。（小笠原宅设计／共同设计）

飘窗的左右两边设计成推拉窗，确保通风

靠床的那一面墙向外突出一部分，左右两边设计成推拉窗。通风，且光线不会过于刺眼。此外还能保护隐私。（明野宅设计／明野设计一级建筑师事务所）

24 用室内窗把家连接起来

窗户不仅可以开在外墙，也可以开在住宅中的隔断墙上。住宅内部没必要使用铝制窗户。根据位置和使用目的可以采用木制窗户、玻璃窗户，甚至可以做成纸制屏风样式。安装室内窗使得被分割的空间又重新连接在一起，更容易和家人互动。比如，在二楼玄关的通风处设置室内窗，这样，就算在二楼也能听见家人回来的声音。在一楼的LDK和二楼的儿童房中间打造"通风口＋室内窗"。窗户设计成能打开的类型，这样既能传播声音，又能通风。视线通过室内窗可以看得更远，可以减轻狭窄空间的封闭感。把室内窗安装在与外窗相对的地方，还可以看见外面的景色。

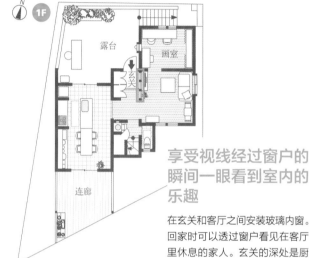

享受视线经过窗户的瞬间一眼看到室内的乐趣

在玄关和客厅之间安装玻璃内窗。回家时可以透过窗户看见在客厅里休息的家人。玄关的深处是厨房和餐厅。相互通透也是其优点之一。（入江宅设计／Plan Box 一级建筑师事务所）

严选窗户设计，增加内装品味

在涂色墙壁包围的厨房内，搭配彩绘玻璃，打造成咖啡馆式的风格。厨房和紧挨着客厅的准备室之间有三扇推窗，既能通风采光，又能和家人互动。（太田宅设计／Plan Box 一级建筑师事务所）

专栏

照明是住宅的重要元素，设计时要注意灯光

照明设计中最重要的是"光线质感"和"位置"。也就是何处采用何种灯光。用顶灯照亮整个房间，台灯照亮桌子，壁灯点缀在墙壁上用于反射光线，等等。灯光的使用方法有很多技巧。这些可以左右房间的氛围和家具的布局。比起阴影的设计，首先应该好好设计整体照明。

外部空间的设计方法

25 用充满乐趣的空间丰富自己的生活

如果把房子旁的空地定位成"享受乐趣的外部空间"，居家生活就变得丰富起来了。最近这种思潮很流行，把外部空间列入设计清单的人也多了。现在，我们来介绍一下外部空间的设计方法。

首先，限制住宅庭院土地湿润的部分，增加干燥的部分，这样可以提高土地利用率。比如给露台贴上瓷砖，或做成木制露台。木地板在夏天也不会过热，光着脚也可以踩上去。只需要在打扫室内时，顺便用吸尘器收拾一下，清洁方便，也容易保养。

露台或阳台不一定要设计在能晒得到太阳的朝南方向。实际上，在阳光直射的南面或西面，如果没有屋檐或遮阳板会非常热。而住宅东面或西面的外部空间多在建筑物的阴影下，春夏秋三季都能舒适地使用。

外部空间朝北，打造露天咖啡厅式露台

这是孩子居住的那层。设计成可以从室外楼梯上楼，然后从二楼的露台进出的户型格局。露台虽然朝北，但因为处于建筑物阴影之下，能够避免阳光直射，除了深冬之外，其他时间都能舒适地使用。和DK连接也是其设计重点。
（大村宅设计 /Plan Box 一级建筑师事务所）

26 和哪个房间连在一起很重要

　　提高外部空间的利用率，重点是要将室内想要靠近自然的地方和室外连接在一起。露台不要连着客厅，而要与厨房或餐厅连接。去阳台或露台的时候一般都想取茶点，如果和厨房或餐厅连在一起就能缩短拿茶点的距离，还能用露台招待客人。另外，露台也可以连接儿童房、浴室。如果浴室和露台连在一起，还能增添玩水的乐趣。之后，我们会介绍"像户外一样的室内空间"的打造方式，连接露台也是一种方法。住宅内外均使用同种材质，可以产生整体感，能拉近人与自然的距离。

客厅连着可以看海的露台，那是家人的休息的场所

这是用大型落地外推窗连接客厅的木制露台。露台地板颜色和室内地板颜色一致，提高了整体感。可以在露台上吃早饭或者烧烤，作为"另一个客厅"灵活运用。（设计 /Love 设计之家）

夹在 LD 和浴室之间的露台"花园"

LD 和浴室呈 L 形结构，我们在它们中间设计了一个露台，给这两个空间都增添了开放感，轻松进出的同时还能享受到花园的乐趣。遮挡视线用的栅栏也能保护隐私。（荒木宅设计 / 设计工作室 /Arch-Planning Atelier）

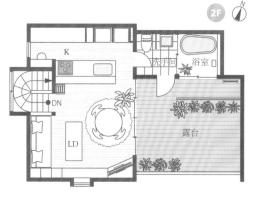

从卧室和儿童房都能进出的外部空间

这是将卧室和儿童房用木制露台连接起来的住宅。露台虽然在一楼，但室内光线和通风仍然非常充足，是孩子能够安心玩耍的空间。在卧室里，视线也能穿过露台，大人可以照看孩子。（桥本宅设计 /The Green Room）

27

在房间内打造类似户外风格的空间

　　如果没有打造外部空间的条件，或是面积过于狭窄，那么在家中打造户外风格的房间也是个好办法。打造温室就是方法之一。温室原本是用于冬天培育植物的，用户外瓷砖或石头等材料打造而成，因此即使在屋内也可以营造出仿佛置身于户外的感觉。当然，也可用来培育植物，还可以做成工作室，或是用自己喜欢的装饰品做成画廊，都能让生活丰富多彩。如果室内面积不够打造独立温室，可以只在房间的一角采用户外材质装饰。在地板上铺上瓷砖或石头，墙上贴上木板，等等，同样也可以营造户外氛围。在仅用于室内装修的柔和的材料上加上石头等硬质材料，和室内装潢风格也非常相配。

在客厅一角使用"户外风格的材料"

沙发下的地板由大理石制作而成。天花板贴上木板，再涂上颜色，打造成古色古香的房梁。只需要在这一小块地方使用硬质材料，房间的一角就营造出了户外的氛围。（太田宅设计 /Plan Box 一级建筑师事务所）

把家人常用的通道打造成温室风格

扩大连接客厅和餐厅的通道，在地板上铺上石头，能感受到户外氛围的通道就完成了。这里还可以打造成画廊。从左手边的窗户可以眺望绿意盎然的风景。（设计 /Plan Box 一级建筑师事务所）

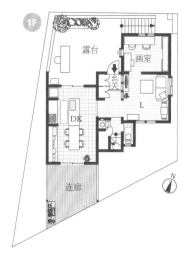

28

在户外打造类似室内风格的空间

　　为了把户外打造成和室内一样可以悠闲度日的地方，其先决条件是保护隐私。只有在住宅密集区才有遮挡视线的必要。围栏做成既不会带来压迫感，又能遮挡周围视线的高度最为理想。或者用墙壁把自己适度地包围起来，可以突出中庭的感觉，营造出能够安心生活的氛围。没有必要用墙壁遮挡的情况下，可以试着设置挡太阳的小凉亭。比起露台或阳台，有简单屋檐的地方更能打造出室内风格，也可作为室内空间的延伸。在预算相同的情况下，推荐打造两个小型外部空间，而不是只做一个大型的空间。这样既能起到通风作用，又能根据季节的不同分别利用，增加其使用率。如果其中一个做成木制露台，另一个做成瓷砖阳台，还能享受到四季变化的乐趣。

带凉亭的露台可以作为另一个客厅使用

和餐厅南侧相连的木制露台。头顶设有凉亭，方便作为室内的延伸区域来使用。天气好的时候可以在室外享受午饭或者茶点。（入江宅设计 /Plan Box 一级建筑师事务所）

具有安全感的外部空间

在位于客厅和餐厅中间的凹地处设置具有咖啡厅风格的室内阳台。房顶带有屋檐，因此不管什么天气都能使用。遮挡视线的围墙设置得稍高一些，增加安全感。（设计 /Plan Box 一级建筑师事务所）

29 打造可以享受远眺乐趣的室外空间

　　如果在室外有小型户外设施，即便不想出门，也可以在屋内远眺风景。实现这一设计方案仅需要一点空间，因此很适合面积狭窄的住宅。可以在围墙和窗户之间种一些植物装饰中庭。从和室、玄关、浴室、走廊等地方都能远远望见这里。走廊的设计要考虑到人的活动路线，尽量选择方便移动的地方。此外，中庭除了植物以外，其背景也是左右人们印象的要素之一，要注意把围墙或者建筑物的外壁打造得美观一些。还可以在露台上放置盆栽。中庭仅凭远眺就能感受到开放感，但如果是被栅栏包围视线的狭窄空间就有些困难了，这种情况可以把中庭打造成露天温泉风格。

洗手间设在能够看见露台的位置上

从洗手间的窗户可以看见户外的露台。这类设计方案让人不出门就能在室内感受到外面的风景。（设计 /Plan Box 一级建筑师事务所）

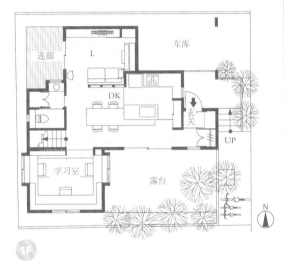

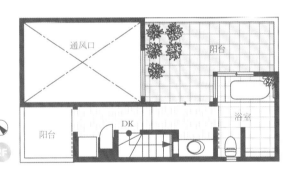

一边眺望阳台的风景，一边悠闲地泡澡

浴缸旁的窗户外是放置盆栽的阳台。泡澡的时候眼睛一抬就能看见绿色。斜面天花板有天窗，白天用于采光，晚上还能仰望星空。（设计 /Plan Box 一级建筑师事务所）

专栏

使用空调打造舒适宜居的住宅

夏天的暑热和冬天的寒冷都非常难熬。为了打造舒适的生活环境，空调是必不可少的。我们推荐以下设计方案。首先安装一台能在保持室内温度和湿度的基础上进行通风换气的"全热交换器"。先通过管道更换整个房子的空气，再根据自己的喜好把热源或冷源组合起来。装上它就能在两小时之内把整个家里的空气都换走，同时又不会导致室内温度和湿度的流失，能够提高冷暖空调的效果。每个楼层都装上一台空调，不要装在室内，而是装在走廊上，这样就能消除家里的温度差，让人住起来更舒服。此外，为了提高空调的效果，使用隔热材质也非常重要。推荐用水发泡起来的硬质聚氨酯泡沫塑料，可无缝隙填充，隔热效果好，或者打造两层墙壁，在中间安装排气扇。

动线的制作方法

30

动线可以从生活风格来考虑

所谓动线的设置，是指根据大致的想法进行空间分配（区域划分），同时思考如何将其连接起来。例如"想把所有空间都用于客厅"等。由于想法不同，很多情况下动线会自相矛盾，因此决定优先保留哪条动线是非常重要的。动线的划分依据是自己的生活风格。试着按顺序回想一下自己家里一天的生活，思考怎么样活动更顺畅。假设你每天早上起来后立刻去厨房准备早饭，期间还要去各个房间叫醒家人。如果卧室和厨房离得太远，可能会比较麻烦。把厨房和卧室直接连在一起是不合理的，尽可能缩短距离才是上策。此外，如果晚上睡觉前有泡澡的习惯，那卧室和浴室要很近。如果泡澡之后喜欢在客厅闲逛，客厅和卧室就要离得很近。根据家人的生活习惯，优先保留短距离动线。洗手间也不是非要"一层一间"，夜晚使用的洗手间设计在离卧室较近的地方，白天使用的洗手间为了保持安静则放在离客厅较远的地方等，在生活动线的基础上来考虑区域的分配。

31

家务动线决定了哪些家务能同时进行

在动线中，和家务活动有关的动线被称为"家务动线"。具体来说，有料理、洗衣服、收纳、打扫等动线。有年龄较小的孩子的家庭还要加上打扮或是照顾孩子洗澡等活动的动线。为了尽可能地减轻这些家务负担，要思考"自己希望能够同时进行的家务是什么"。将家务活动的空间聚集在一起是非常有效的。客户常有的要求是要同时进行料理和盥洗的工作。这种情况下，建议采取把厨房和洗手间或杂物间连在一起，并放上洗衣机，甚至再加上阳台的方案。但也要根据自己的生活风格来决定。对于喜欢洗完衣服后再做饭，或是分担家务活儿的家庭来说，就没有必要选择这一动线了。一定要重新审视自己的生活方式，将其反映在设计方案中。

生活动线和访客动线的关系取决于主人和客人的关系

生活动线中还有一种是客人移动的路线，即"访客动线"。如果这一动线和家庭的生活线重合，就会出现自己或家人在客人面前穿着睡衣晃荡，或是客人在客厅将厨房的情况一览无余等问题。可以打造一条仅供家人使用的通道，分开这两条动线即可。但是，最近越来越多的家庭认为，"只有亲戚或非常亲近的朋友才会邀请到家里来，因此不需要注意这方面问题。"也就是说，是否设计访客动线取决于客人和主人之间的关系。只要对方是亲近的人，那么看见自己在家的一面也没什么。另一方面，还有保险推销员或修理庭院的工人等访客，为此，在玄关旁设计一个只有洗手间的公共空间即可。如果出现孩子放学结伴回家的朋友需要借用洗手间的情况，也能派上用场。

这是 LDK 在二楼的户型布局，是以楼梯为中心的住宅。上楼梯之后左右都能移动，活动方便，是非常宜居的方案。（设计 / 明野设计一级建筑师事务所）

33

了解洄游动线的优缺点

无缝衔接需要同时使用的空间，可以来回活动的动线就是"洄游动线"。它可以让日常生活或家务中的移动变得顺畅，避免出现全家都挤在狭窄的空间里的情况。虽说"洄游动线"具有多种优点，但也不能盲目使用，要了解这类动线的缺点。缺点之一是，本该是墙壁的地方变成了通道，收纳空间减少。加上墙上的搁板，放家具的地方受到了限制。在面积较小的空间中，这一动线无法和收纳方案并存，需要慎重考虑。另一个缺点是照明开关的设计会变复杂。因为一个空间有几个出入口，如果不考虑照明位置，会给生活带来不便。

34

整齐地划分出"看不见的走廊"

在设计狭小的住宅时，经常会采取省略走廊的设计方案。然而，就算在没有走廊的设计中，室内也一定会有"自然通过的道路"。如果不认真规划这一"看不见的走廊"，会让人找不到放松的地方，无法静下心来。"看不见的走廊"可以是厨房和餐厅的出入口和沙发之间，出入口和餐桌之间，也可以是客厅和厨房之间。如果要从正在吃饭或者坐在沙发上看电视的人面前通过，不得不在人前晃来晃去，那么会让人觉得很不舒服。划分区域时一定要事先想好"这里我们会怎样活动"，这非常重要。

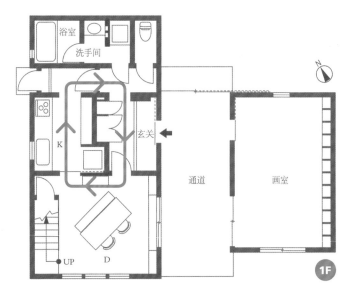

何为洄游动线？

这是能够在玄关—客厅—厨房—玄关之间来回移动的洄游动线设计图。虽然具有玄关和厨房、厨房和洗手间之间畅通无阻的优点，但也存在厨房里面的收纳空间减少的缺点。
（明野宅设计/明野设计一级建筑师事务所）

专栏

根据三层住宅的优缺点，灵活制作设计方案

住宅的高度从两层变成三层后，就会产生新的优缺点。优点是面积和楼层增加了。在地价高昂的中心城区，一层楼的面积是非常宝贵的。再加上，三楼有着良好的光照和风景。窗户带来的通透感，或是让人心情愉悦的阳光，都能营造出让人愉悦的室内环境。缺点则在其高度本身，以及上下楼不方便。且需要花时间整理出紧凑的家务动线。如何将三层建筑的缺点降到最小，尽可能享受其优点，这才是考验设计师实力的地方。（建议/unit-H 中村高淑建筑设计事务所）

收纳的计划

35

只要有 15cm 的深度就能放下足够多的细长型日用品

餐巾纸、厕纸、洗涤剂、手持吸尘器等，其中大半都能放进深度达到 15cm 的置物架中。像这样细长型的日用品如果放进很深的收纳柜里，里面的东西就很难取用了，而且很容易被遗忘，因此选择有深度但厚度较薄的置物架反而更方便。一目了然，也容易管理。置物架设置在走廊中较宽的墙壁上，用起来很方便。利用墙壁的厚度打造而成的壁龛一般只有 10cm 深，因此可以把墙壁做得厚一些，用于安装深 15cm 的内嵌置物架。此外，如果在洗面台附近安装深 10cm 的壁龛，也可以放牙刷、杯子、刷子之类的生活必需品。

壁龛里放上置物搁板，深度要在 10cm 以上

洗手台旁边利用墙壁的厚度打一个壁龛。搁板稍微凸出来一点。还能摆放一些植物用于观赏，毛巾之类的东西也能放下，十分方便。（设计 / 山冈建筑研究所）

36 如果刚完成设计时显得空荡会更好

有人觉得"东西多起来了再买家具就可以了"，但市面上贩卖的家具总是存在收纳空间利用得不够彻底，或是破坏现有设计风格的缺陷。如果能在设计的初期阶段打造足够多的收纳空间，就能避免这些问题。也有人觉得"家里的东西越少越好，想要尽可能扩大空间"，还有人，尤其是长年不搬家的人，家里的收纳柜都会塞满，没有一点空隙，因此一旦要搬家，把里面的东西拿出来时，便会发现自己的东西多得吓人。这样的例子数不胜数。建议东西不多的人多买几个收纳柜。因为居住中，东西会不断增加。保证收纳空间的重点是要把"自己所持有的东西维持在收纳柜里能放得下的量"。买东西的时候要好好研究这个东西是不是有必要买。

37 根据物品的大小和使用频率进行收纳

前文中也提到了，收纳柜如果做得太深，里面的东西会难以取用，容易变成没用的收藏品，还浪费储物空间。相反，根据收纳物品的大小决定收纳柜的深度，可以让里面的收纳品一览无余，也方便取用。这样既方便，又能保持房间的整洁。生活必需品的大小基本是固定的，因此家里只要有了插图中这六种尺寸的收纳柜，就能放下所有东西。此外，收纳物品的高度也会影响使用。日常使用的餐具等每天都要用到的东西要立起来放在自腰部以上到眼睛视线以下的位置，这样一伸手就能拿到。比视线高的地方可以放一些使用频率低且轻便的物品，腰部以下的位置则可以放置一些使用频率低的重物。可以在厨房中设计一个大型抽屉来收纳每天都要用但比较重或比较大的锅具。

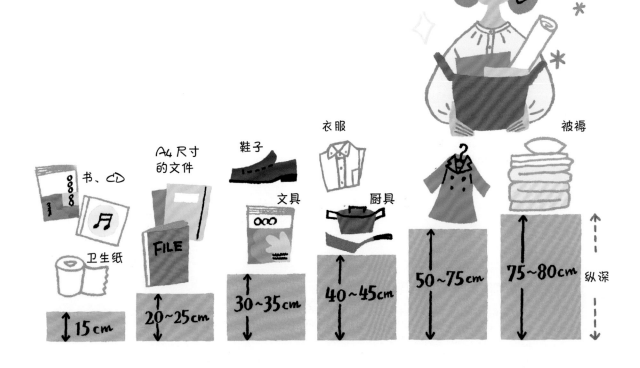

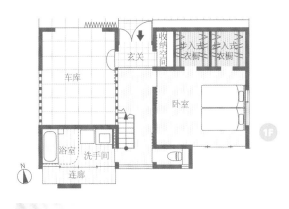

夫妇各自的衣帽间足够收纳衣物

这个案例中分别设置了妻子专用和丈夫专用的衣帽间，丈夫的衣柜也划分出了足够的空间。设计的重点在于，根据各自的身高安装了高度不同的晾衣竿。因为阳台就设计在衣帽间旁边，收衣服时的活动路线也很顺畅。（石泽宅设计 /unit-H 中村高淑建筑设计事务所）

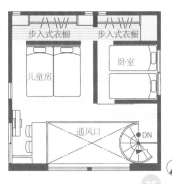

衣帽间从内部将儿童房和主卧连接在一起

儿童房的衣帽间（床旁边的墙壁内部）和主卧的衣帽间内部是相连的。儿童房的收纳柜也做成了可入式，这些收纳可以轻松放下整个家庭的衣服。（设计 /Noanoa 空间设计工房）

38

可以考虑"衣服 + 其他"的收纳模式，把重点放在衣服上

　　不仅是妻子，丈夫和孩子也追求时髦。衣服就不用说了，包或帽子等小物件也多。因此，在装修时，一定要充分保证衣服的收纳空间。此外，衣服穿过之后要在洗好晾干的情况下进行收纳。因此有效管理家族全员的衣服也是设计重点之一。出于这一考虑，衣服的收纳必须要和别的收纳有所不同，需要重点设计。建议大家不要在主卧和儿童房中各自设计一个衣橱，而要设计一个能够放下所有人衣服的可入式衣帽间。整个家庭的衣服都放在一起管理，既可以减轻家务的负担，还能增进家人感情。

可以在主卧和儿童房之间自由穿梭的衣帽间

在主卧和儿童房之间打造一个两边都可以进出的衣帽间。这样能形成洄游动线，而且距离晾衣服的露台也很近，方便做家务。孩子们小时候在里面玩耍，大人在两边都能照顾到，让人安心。（浅井宅设计 /Studio Style 工作室）

39

在住宅各处都配上墙上收纳

在客厅和走廊、洗手间之间的墙壁上凿出收纳空间。一部分用于客厅，另一部分用于走廊和洗手间。客厅那一面可以放玩具，走廊那边可以放生活杂物，洗手间那边可以放内衣等。和室房间的墙面收纳还可以放衣服。（赤见宅设计 / unit-H 中村高淑建筑设计事务所）

在各个房间都安装墙面收纳，房间立刻变得整洁宽敞

　　为了让房间保持整洁，最好是在物品的使用地点附近固定好收纳的位置。为此，在各个房间均安装墙面收纳是非常有效的方法。特别是客厅和餐厅。如果把墙上内嵌的收纳柜门做成和墙壁一样的颜色，可以让柜子毫无违和感地融入房间中。并且也不会因为买到和房间风格不匹配的家具导致室内设计遭到破坏。设置收纳空间也能扩大房间面积，让房间保持清爽的状态，显得宽敞。如果根据日用品的大小来打造深度合适的墙面收纳，可以最大限度地利用空间，取用也方便。比如，客厅可以做一个深 45cm 的壁橱，杂志或游戏机都能放下。

墙面收纳可以有效将紧凑的空间融入房间

在以白墙为主的 LDK 中，可以看见冰箱旁的墙、厨房的陈列、螺旋阶梯的后面这三个地方的墙面收纳。和收纳柜不同，这些墙面收纳不会浪费空间。每个壁橱的深度都不一样，可以放进餐具或书本等各种东西。（森与朝比奈宅设计 /Noanoa 空间设计工房）

就算住宅很狭窄，也能通过内嵌吊式壁橱打造出宽敞的感觉

这间房子使用了复合地板，铺上被褥可以用作卧室，因此在这里设计了能放进被褥的内嵌壁橱。空出壁橱下方的空间，做成吊式，人的视线可以深入壁橱内部，房间会显得更宽敞。（石桥宅设计／濑野和宏＋设计工作室）

空出上下两端的书架和鞋柜，采用间接照明

在玄关大厅设计了一个墙面收纳用来放书。上下两端都空出一段距离从而减少压迫感，再加上书架和鞋柜的高度完全一致，显得宽敞。此外，间接照明也是流行的趋势。（设计／Noanoa 空间设计工房）

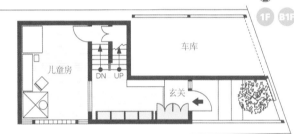

40

空出墙面收纳的上下两端，可以减少压迫感

如果将一整面墙壁都做成墙面收纳会导致压迫感，那么可以在架子上方和下方各空出来一段距离。比如，收纳柜上方稍微留出空间，在那里开一个缝窗，还可以采光和通风。相反，如果下方空出来，地板可以一直延伸到柜子内部，看起来空间好像变大了。和室可以做成吊式内嵌壁橱，下面用于通风或开一个地窗，如果在窗外种上竹子，就更有韵味了。推荐采取收纳柜上下都留出空间的方法。这样一来，柜子好像悬在空中一样，会给人留下非常前卫的印象。如果在上下两端添上灯，做出间接照明，更能增添一种高雅的氛围。虽说是收纳柜，但也不要一味追求功能，多一份赏玩之心，可以增加生活乐趣。

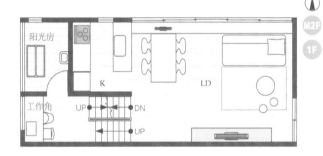

两面墙都做成墙面收纳的 LD 中，其中一面可以设计成吊柜

LD 的两面都设计成收纳空间时，用于电视柜的一面可以在下方留出空间。由于对面的墙面收纳从天花板一直延伸到了地板，如果把电视柜也放在那边，会显得非常不平衡。可以通过下方留空的方式让人感觉更宽敞。（松本宅设计／FISH＋ARCHITECTS 一级建筑师事务所）

41 有大型储藏室的住宅一定要在其中放上置物架

　　有人认为，比起到处设计墙面收纳，不如做一个大储藏室。但不善于整理的人要特别注意储藏室的收纳。什么东西都往里塞，里面和下面的东西就看不见了，储藏室的高处也很容易空着，浪费空间。除了步入式衣橱一样用途明显的储藏室之外，如果家里的储藏室只是因为"总觉得这样比较方便"而设计的，很容易设计失败。大型收纳的优点在于，适合存放消遣物品或过季的取暖用具，还有减少门的数量，降低成本等。充分了解到优缺点之后再设计大型收纳。储藏室内部一定要装上搁板，以便高效利用空间。也可以先大致打造出一个收纳框架，再用市面上卖的置物架来细分储物空间。衣帽间内也不要只用衣竿挂衣服，衣竿上面还可以做几个搁板，设计成能叠放衣服的收纳柜。这样设计出隔断的储藏空间使用起来更方便。

充分发挥储藏室的立体性

这是设计在洗手间和卧室之间的连通式壁橱。置物架和橱柜上都装有搁板。再搭配市场上买得到的收纳箱等，到天花板为止的储物空间都不会被浪费，能够物尽其用。（青柳宅设计／明野设计一级建筑师事务所）

定制的置物架和贩卖的抽屉相结合，划分出使用方便的收纳空间

这是一个 4m³ 大的储藏室。先定制了一个有隔断的置物架框架，上面放市场上能买到的抽屉或柜子，能够放下很多形状大小各异的东西。储藏室位于儿童房的旁边，因此里面的置物架还能用来收纳孩子的衣服。（设计／MONO 设计工作室）

三面墙壁都安上置物架或搁板，有效活用空间

卧室旁设有一个细长型的衣帽间。衣帽间内部两侧的墙壁都放了置物架，另一面墙上也有搁板，足够收纳衣服。壁橱整体的深度较为狭长，因此通道会有些狭窄，但这样两边的东西取用起来反而更方便。

42

事先设计好空调的位置

空调是必不可少的，但设计中要尽可能削弱它的存在感。特别是 LDK 型住宅中常用空调的房间里，要事先计划好空调的位置，让其融入室内设计中。推荐大家把空调安装在在墙面置物架的上方。这能让空调不显眼，如果再加上和门一样颜色的百叶帘，就更能削弱其存在感了。立式空调可以收在墙面收纳柜中，或是放在电脑桌地下。如果这样还觉得醒目，那么就和壁挂式空调一样用百叶帘遮起来。还有藏在天花板内的中央空调。一般来说这种空调的成本高，但根据机型的不同，也不一定会比壁挂式空调更贵，因此可以安装。空调不要放在对着头部吹冷风的位置上，要先确定椅子和沙发的位置。

空调安装在天花板上，再用百叶帘遮起来，看起来毫无违和感

空调挂在斜面天花板的最高处，然后用百叶帘遮起来。它正好悬在房梁上方，看起来毫无违和感，百叶帘的颜色也和天花板相似，完全融入室内设计中。（设计 / 当地工作室）

用框架把存在感较强的设备围起来，看起来更清爽

暖气放在用于隔断客厅和楼梯的大型收纳柜中。深度合适，颜色也几乎相同，即便敞着放也毫无违和感。空调则采用藏在天花板内的中央空调，完全融入室内设计中。（秋口宅设计 / FISH+ARCHITECT 一级建筑师事务所）

吸尘器在收纳时兼顾充电的设计方案

洗手间下方有能放下毛巾、打扫工具、洗涤用品的壁橱。在放充电式吸尘器的地方做了一个插座，方便充电。（设计 / 长浜信幸建筑设计事务所）

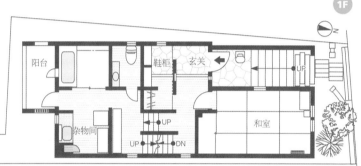

把电动牙刷放在洗手间的柜子里

在用触感温和的天然木头或瓷砖打造的充满整洁感的洗手间里，为了尽可能消灭生活痕迹，我们设计了充足的收纳空间。电动牙刷等也关在柜子里。内部设有插座，电器和充电器挂在一起。（制造商 /Chardonay Home）

43

收纳间也有插座

　　虽然有些令人意外，但如果能在放置日用家电的收纳柜中安装一个内置插座，简直就是神器。比如吸尘、数码相机等，可以把充电器插在内置插座上，不使用的时候收纳在充电器旁边，顺便充电。此外，洗面台上如果有电动牙刷或者剃须刀之类的东西，设计感会大打折扣。如果把这些东西和它们的充电器放进柜子里，洗面台也就变得清爽了，取用也方便。最近，开放式厨房也非常流行，不少家庭把电饭煲等收纳在大抽屉里。这种情况也不要忘了在柜子里装上插座。

44 设计大型鞋柜让玄关变得清爽

玄关是"家的颜面"，虽然希望它能时刻保持整洁，但总会堆满放不进鞋柜的鞋子、婴儿车、户外用品、大衣等。因此，要尽可能地给玄关的空间留出余地，用来安装大型鞋柜，这样可以放下所有露在外面的东西，解决玄关收拾困难的烦恼。定做鞋柜的时候，一定要做成内部开放式的墙面收纳柜或是能挂衣服的置物架，不要浪费空间。这个鞋柜做成可以从这里换鞋进入家门的设计，这一设计方案不需要安装平常用来放鞋子的鞋柜，只是充分利用了玄关的空间，就可以打造出一个简单又时髦的空间。此外，这里没有台阶，推婴儿车也很方便，还能用来存放蔬菜。

穿过储藏室的动线

打开玄关大门后，土间旁有个拉门，这个位置设计成了一个衣帽间。家人可以从这里出入，和客人出入的路线不同，所以玄关能够保持整洁。还可以安装开放式搁板或置物架提升衣帽间收纳性能。（佐贺枝宅设计 /Atelier House）

能放下 6 人家庭鞋子和户外用品的收纳空间

这是一个有 4 个小孩的大家庭，因此玄关内部设计了足够宽敞的衣帽间。除了鞋帽，还可以放户外用品或自行车。壁橱内部设置了拉门，做成能通往户外的式样。（设计 / 田中娜美工作室）

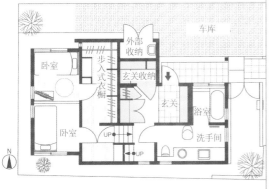

四种类型的收纳柜，完美收纳所有东西

玄关的土间上的鞋柜用于放置日常家用拖鞋，玄关大厅的收纳柜则是衣帽间。除了壁橱以外，还有放鞋子的墙面收纳柜、边角柜等四种收纳柜，可以放下所有的东西。（设计 /FISH+ARCHTECTS 一级建筑师事务所）

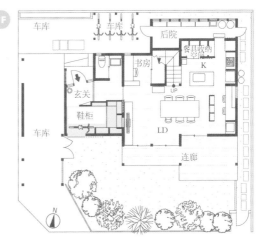

039

45 一定要计划好放垃圾的地方

　　家庭成员很多的家庭每天会产生很多垃圾，垃圾会直接给家里带来零乱感，放垃圾的地方会直接决定室内设计的好坏，一定要设置好。首先要根据垃圾的种类掌握每天的量大概有多少，准备能装下这些量的垃圾箱。在此基础上，还要确保留出能放下垃圾箱的空间。收纳地点可以设计在厨房或是墙面置物架等空间。如果厨房门外还有空地，也可以在厨房门外设置临时垃圾场。如果是二楼的厨房，也可以临时放在露台上。经常去旅行的人可以在楼梯下的空间内设一个旅行时用的垃圾存放处，这种情况下要装上排气扇。

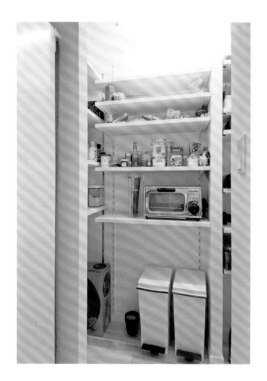

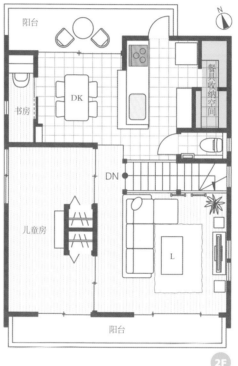

在开放式置物架上留出放垃圾箱的位置

在厨房内部深处，设置一个放满餐具的收纳柜。内部的开放式壁橱中一部分是垃圾箱的固定位置。扔垃圾很方便。（山本宅设计 / 水花天空建筑实验室）

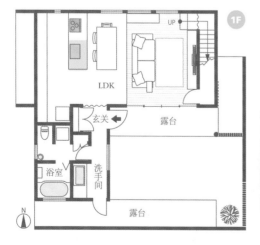

在水槽下方设置大小不同的垃圾箱

为了方便给垃圾分类，可以在厨房的水槽下面留出垃圾箱的位置。按照两个大垃圾箱可以做成带轮的抽屉，能够轻松拉出，非常好用。（设计 /Light Staff 设计工作室）

46 室外设置收纳空间更方便

如果室外设有收纳柜，就可以不把户外用品或园艺用品带进家里了。方法之一是在庭院里设计放东西的地方。可以在已有的铁质收纳箱外贴上和建筑物外墙一样的材料，让其和房子融为一体。或者是在室外打造一个内院，设计一个稍有疏离感的山间小屋风格的收纳空间。不想花费太多预算的话，可以在玄关周围建围墙，直接在围墙内侧装一个较浅的置物架，用来放园艺用品或打扫工具等。室外收纳空间中，还可以在外墙的某个部分开一扇门，用于收纳户外用品。这种方法不会造成室内物品不自然地突出在外，它和室内的储藏室背靠背，用楼梯下的巨大平台加以隔断，使其收纳空间一半用于内侧，一半用于外侧。

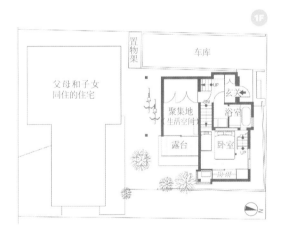

在车库内部设置外用收纳的方案

在外墙上开一扇门，在车库里设计一个能向外的收纳空间。这样把户外用品放进车里的时候也非常方便。这一收纳场所和住宅内的储藏室背靠背，因此东西也不会暴露在室内。收纳空间内部还设有水槽管道，用起来非常方便。（设计/FISH+ARCHTECTS一级建筑师事务所）

在现有的收纳箱上贴上和外墙颜色相同的木板

这个可爱的木制小屋其实是个收纳箱。在现有的收纳箱上贴上和外墙颜色相同的木板可以统一设计感。因为是二次利用原有的庭院的收纳箱，所以不必担心其耐用程度。（横田宅设计/FISH+ARCHTECTS一级建筑师事务所）

专栏

将死角用于收纳，确定是否符合预算

将死角用于收纳的典型例子是壁龛了。利用墙壁的厚度，打出深10cm的置物架，可以用来放小东西，或用照片装饰成陈列角。楼梯下方适合收纳户外用品或过季的取暖用具等，如果在壁龛里面装上照明，深处的空间也可以利用起来。跃层住宅的半地下式楼梯湿气过重，如果要用于收纳，内部要安装除湿器的。此外，还有床下收纳或阁楼收纳等方式。但是，要确定是否符合预算后再决定。（建议/Noanoa空间设计工房）

家务效率

47 把餐桌放在厨房料理台旁，活动起来更方便

在厨房料理台的对面就是客厅的户型格局中，虽然站在厨房可以直接看到家人，让人安心，但准备三餐或吃完收拾的时候要绕过料理台，在餐厅和客厅中走来走去，导致动线太长，这是设计难点。要实现顺畅的动线，沿着料理台旁放置餐桌的布局更具功能性。只要从厨房走到餐桌旁，就能轻松完成三餐的准备。如果料理台在水槽旁边，那么坐在厨房对面的人转身就可以把餐具递给在水槽旁洗刷的人。如果料理台和桌子的宽度一致，看起来会更清爽。因此如果找不到大小合适的桌子，最好定制一个。此外，这一设计方案还能让 DK 更紧凑，客厅的空间更宽敞。如果吃饭的地方和休息的地方被分隔得很清楚，那么就可以打造适宜各种场合的舒适 LD。

料理台和餐桌宽度一致

餐桌是定制的。料理台和餐桌宽度一致，因此位于料理台两侧的人干活时仅需要在餐厅和厨房之间移动即可。如果 DK 设计紧凑，客厅的设计就更游刃有余了。（设计 /Noanoa 空间设计工房）

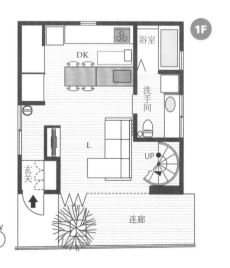

48

拉门自带的开放式收纳可以提高厨房的工作效率

为了加快做饭速度，必需的料理用品和餐具要轻松取用。没有柜门的开放式收纳虽然可以减少柜门开关的时间，提高工作效率，但不够整洁。为了使开放式收纳的功能性和柜式收纳的整洁性两者并存，可以使用大型拉门式收纳柜。料理时可以拉开门作为开放式置物架使用，方便取用东西。料理完成后只要关上柜门就能恢复成一面墙，又变成了简单的空间。这样更能享受用餐的乐趣。如果在内部装上插座，还可以放电饭煲或微波炉等电器。此外，收纳柜除了用于收纳，还可以作为料理台使用，提高厨房的使用率。有客来访时也能马上关上柜门。

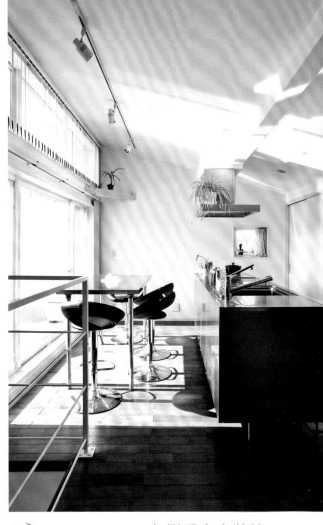

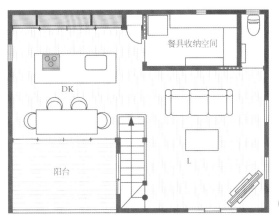

在侧后方安装拉门，打造多用途的收纳柜

料理台背面安装了带有四扇拉门的壁橱。中间部分可以作为料理台使用。宽度设置成180cm。两边的置物架除了收纳餐具外还能放电脑，做饭时也可以查看邮件或菜谱。（设计/KURASU工作室）

用餐或客人来访时关上拉门

料理台旁边的墙壁上设置和冰箱并立的壁橱。关上这三扇拉门后，就变成简单的DK了。置物架上可以放餐具、外拉式微波炉、生活杂物等。这些东西瞬间就可以隐藏起来，便于整理。（尾崎宅设计/谷田建筑设计事务所）

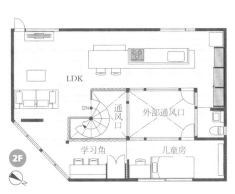

在杂物间放桌子或打造晾衣服的露台

这里除了洗衣机和室内晾衣架之外，还可以安装吊柜或桌子，放熨斗或缝纫机。窗外设一个晾衣服的露台。如果再装上管道水槽则更实用。还可以把露台设计成与厨房或LD相连的布局。（富泽宅）

49

设置洗衣房，减轻"洗涤→晒干"的家务负担

洗好的衣服转身就能晒起来，不必把时间浪费在移动位置上，这样洗衣服的工作会变得更轻松。如果室内也有晾衣服的空间，在下雨天或者花粉过敏时期则能派上用场。建议大家把洗衣机和室内晾衣服的地方放在一起，做成洗衣房。为保证通风，安装窗户和晾晒东西的置物架。洗衣房有 2m² 就够了。如果能留出这一空间，下雨天客厅就不会堆满衣服了。把洗衣房的窗户做成推拉窗，如果能连着露台，晾衣服会更轻松。晾衣服的露台要和阳台区分开来。此外，如果壁橱也设置在洗衣房旁边，那么从洗涤到收纳的工作就一气呵成了。

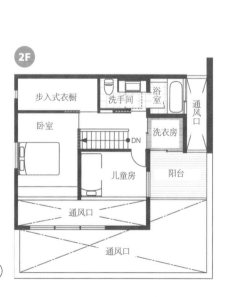

把脏衣服搬过去、洗涤、晒干、收纳，一气呵成

由于洗衣房连着洗手间，把要洗的衣服搬去洗衣房很方便。窗户外设有晾衣服的露台，衣帽间也在这一层，因此收衣物很方便。

50

把洗衣机和晾衣服的露台设置在同一层楼

在没有洗衣房的情况下，也可以通过把洗衣机和晾衣服的露台设置在同一层楼的方法来减轻家务负担。如果洗手间和衣帽间也在这一层，那么"扔脏衣服→洗涤→晒干→收纳"这一系列的工作也会更加顺畅。但是，限于住宅面积，很难把这些都放在同一层。这时可以优先打造"洗衣机＋晾衣服"的空间。住宅高达三层时，不要把洗衣机放在一楼，而晾衣服的露台设置在三楼。

避免拿着很重的衣服走来走去

把晾衣服的地方设置在和室的窗户外面，并把它和洗衣机放在同一层。因为是跃层住宅，房子的楼梯很多，不要出现拿着带水的沉重衣服走来走去的情况。晾好的衣服就这样叠放。（齐藤宅设计／明野设计一级建筑师事务所）

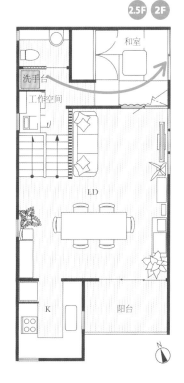

2.5F **2F**

和室
洗手台
工作空间
LD
K
阳台

1F

储藏室　儿童房
卧室
洗手台　UP　DN　车库
玄关
连廊
洗手间　浴室

楼梯下放洗衣机

在位于洗手间和卧室之间的楼梯下放置洗衣机。由于卧室设有晾衣专用的露台，把脏衣服搬到洗衣机里洗涤晾干的工作会变得更轻松。再加上衣帽间也在同一层楼，可以把从露台到衣帽间的移动距离减到最小。（设计／明野设计一级建筑师事务所）

51 没有停顿的洄游动线更自由

　　没有停顿，可以自由行动的路线叫作"洄游动线"。移动的时候不用折回去，移动起来没有停顿，家里会显得更宽敞。在"厨房→杂物间→洗手间"这一路线中，可以设置能够来回走动的出入口，方便同时进行多种家务。在厨房忙到一半时，可以前往杂物间，在电脑上查菜谱，为了洗衣服再走到洗手间，最后回到厨房。这样的移动路线会更轻松。早上忙碌的时候也不会和家人的生活动线重合，可以顺利做家务。此外，也有在更小范围内设置洄游动线的方法。其代表是带有岛式吧台的厨房，做饭时可以在吧台周围走来走去，这比靠墙的吧台更便于移动，家人或朋友一起站在厨房里，也可以同时活动。

把洗手间和厨房放在一条直线上，增加洄游动线

照片是设有可移动式置物架的洗手间。旁边的一条直线上连接着带吧台的餐具收纳空间和厨房。再加上从玄关可以直接走进洗手间，厨房和 LD 之间隔着上二楼的楼梯。可以通过便于移动的路线设计提高家务活的工作效率。（佐贺枝宅设计 /Atelier House）

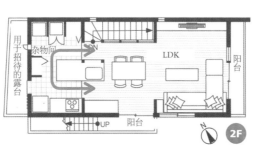

紧凑的家务动线，可缩短移动距离

在厨房、洗手间、LD 设计洄游动线。为了方便洗衣服，在杂物间放洗衣机，因此做饭、洗衣可以同时进行，还能照顾正在洗澡的孩子，移动起来也很轻松。（本多宅设计 /Beads Supply）

厨房的一角设计洗碗池

厨房连着吧台的一面墙壁是煤气灶和厨具收纳空间，另一面是放着洗衣机的杂物间。因为吧台四周能自由走动，可以轻松地兼顾做饭和洗衣。厨房外还有露台。（设计 / 当地工作室）

52 在每层楼都放吸尘器

拿着吸尘器在楼梯上走很费劲。如果想避免这种情况，让每天的打扫工作变得轻松，最好在每一层都放一个吸尘器。只需在铺有地毯的房间使用高级吸尘器，其他房间用便宜吸尘器即可。吸尘器要尽可能地放在使用场所附近。推荐在 LD 或者走廊等地方的墙面收纳中留出专门的空间来放吸尘器。小型的手持吸尘只要深 20cm 左右的空间就够了。如果是充电式吸尘器，可以在收纳柜里面装上插座，把吸尘器和充电器收纳在一起，同时还能充电。

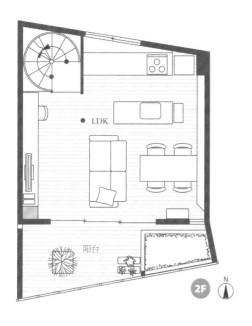

如果使用墙面收纳，吸尘器也能放在客厅

LD 中的墙壁设计成电视墙和工作台一体化的结构。其中一部分较高，用于放置吸尘器。乍看之下根本看不出吸尘器放在里面，取用也方便。（小林宅设计 / 艺术与手工艺建筑研究所）

专栏

考虑开关和插座的数量，以及其位置

厨房等常常需要使用电器的地方必须事先确定好要设置几个插座，有时候客人也会希望"这个房间有几个插座"。然而能考虑到插座位置的人却不多。开关或插座放在不同的位置上会给室内设计带来完全不同的感受。比如，如果在吧台装上插座或热水器、照明开关等，在饭桌上使用饭菜加热板就很方便，同时可以调节照明。如果在卧室的床边装上开关，睡觉的时候就不用总是起来关灯了。装在墙上的开关可以稍微低一点，离地板大概 1m 的高度，和门把手在同一水平线上，看起来更清爽，而且坐着的时候一伸手也能够到。开关的设计不要拘泥在原来的位置上，而是要找到生活中最方便的最佳位置。（建议 /FISH+ARCHITECT 一级建筑师事务所）

打造洗手间

53

孩子年纪小的家庭最好把浴室和厨房放在一起

　　采用在厨房旁边设置浴室的设计方案，在料理或收拾房间的时候也能看见在浴室洗漱的孩子，方便照顾。不用穿过走廊或上下楼就能照顾孩子的布局，会让家长更加安心。特别是对于孩子年纪小的家庭更有效。在兼作浴室的洗手间里放上洗衣机，厨房和洗衣机的距离也就更近了，大人可以同时做饭洗衣。此外，厨房吧台或墙面收纳柜的一角还可以装上迷你桌做成工作角。可以一边用电脑上网，一边照顾浴室里的小孩，这样家庭主妇也能拥有属于自己的时间了。

在厨房也可以照顾正在洗澡的孩子

把厨房和浴室放在一起的设计方案能够满足家庭主妇的要求。从厨房可以直接看见孩子洗澡的样子。这是洗手间和浴室一体化的布局，因此洗衣机刚好放在冰箱旁边。可以同时做饭洗衣。（石桥宅设计 / 濑野和宏＋设计工作室）

54

洗手间设计在卧室旁，晨起打扮更方便

　　双职工家庭中的夫妇在早上都要洗漱打扮，如果把洗手间放在卧室旁边，就能把穿衣打扮的移动时间降到最少，节省早晨的时间。此外，建议有洗澡后立即上床习惯的人也采用这一布局。特别是在房屋结构为三层建筑的情况下，如果浴室在一楼，卧室在三楼，冬天身子很快就会变冷。把浴室设置在卧室旁边，建议在两个房间中间做一个畅通的衣帽间。这样可以在"卧室→衣帽间→浴室"的动线之间自由移动，换衣服或泡澡都很方便。如果是没有孩子的家庭，也建议采用这种直接从卧室走进浴室的布局，可以在睡前享受私人时间。以上布局不适合孩子年纪小的家庭，因为这样无法从厨房看到孩子在浴室的样子。要充分考虑自己的生活方式，寻找最适合自己的布局。

穿衣打扮在短距离的移动中完成

卧室旁设有衣帽间。可以在"卧室→衣帽间→洗手间→浴室"的动线之间自由移动，因此早上洗漱打扮的效率会很高。洗手间还可以设计成从衣帽间和走廊两个地方都能来回出入的洄游动线，用起来更方便。（田中宅设计/Field 平野一级建筑师事务所）

洗手间设计在比卧室高半个台阶的位置

卧室前设有空间足够大的衣帽间。在跃层住宅中，可以把洗手间设计在比卧室高半个台阶的地方，迎接每一个清爽的早晨。（设计/FISH+ARCHITECT 一级建筑师事务所）

客厅旁边不要留出走廊的空间，而是直接设计成卧室。在客厅的窗户旁设有身为作家的女主人的工作角，工作中的女主人也可以照顾在浴室洗漱的孩子。（设计 /Beads Supply）

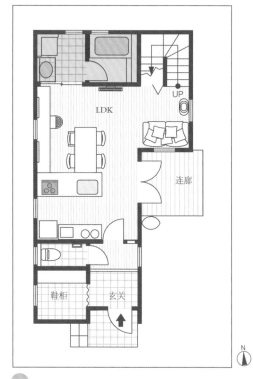

55

洗手间和客厅直接连在一起，不浪费空间

　　不想浪费空间的话，可以考虑客厅或 DK 旁边仅用一扇门隔开，直接做一个洗手间的方法。布局的优点是节省空间。对于孩子年纪小的家庭，大人可以在孩子洗澡的时候让门开着，这样在客厅的家人就能随时照顾。浴室门做成推拉式的，就算打开也不碍事。"洗手间 + 浴室 + 洗手间"的开放式组合，要注意开门的时候不要直接露出洗手间。而就算在客厅看见洗手台也不会引人注意。可能也有人会觉得洗手间和客厅连在一起不太舒服，但为了打造舒适宜居的住宅格局，有时候必须摒弃一些东西。在此基础上，选择适合自己的方案即可。

旗杆状的狭小地形，取消走廊节省空间

这座住宅位于道路旁，除了通道只剩约 20m^2 的空间，因此要采取节省空间的布局。打开 LDK 内部的推拉门，就是洗手间。虽然是洗手间和浴室一体化的设计，但推拉门正对着洗手台，不影响美观。（设计 / Noanoa 空间设计工房）

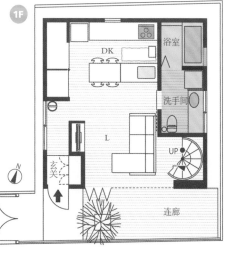

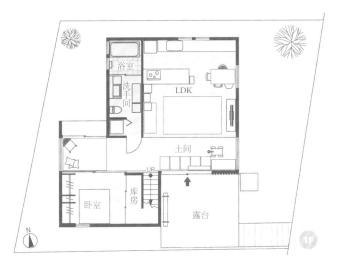

能避开周围的视线的高窗也能满足整体采光

这是尽可能不做隔断，布局一体化的住宅。洗手间也是一样，整体注重"通透感"。浴室仅用玻璃进行隔断。透过浴室的高窗照进来的光线可以柔和地覆盖住宅整体。（本田宅设计 / SORA 工作室）

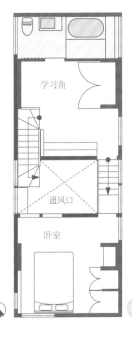

把窗户开大，增加通风和采光

这是建在 20m² 左右的土地上的三层建筑。考虑到住宅尺寸而设计的一体式洗手间统一采取白色内装。因为窗户开得很大，光线可以充分透进来，会让没有隔断的空间显得更为开放通透。（基宅设计 /M.A.D +SML）

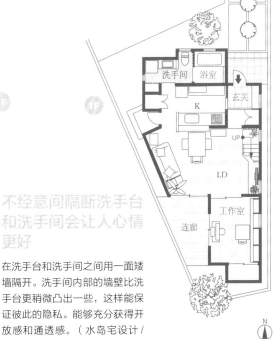

不经意间隔断洗手台和洗手间会让人心情更好

在洗手台和洗手间之间用一面矮墙隔开。洗手间内部的墙壁比洗手台更稍微凸出一些，这样能保证彼此的隐私。能够充分获得开放感和通透感。（水岛宅设计 / MONO 设计工作室）

56

一体式洗手间既节省空间又节省成本

在狭小的住宅中，不得不把洗手间放在狭窄阴暗的地方。这样会影响早晨愉快的心情。这种情况下可以考虑酒店式的"洗漱、浴室、洗手间"三合一的空间布局，设置一体式的洗手间。因为没有隔断，空间会显得更宽敞，如果在某个地方开一扇窗户，也可以实现整体采光。家具的数量变少了，不需要额外增加洗手间用的水槽，因此也可以减少成本。如果顾虑到浴室容易积水，那么就用门只把浴室单独隔开。如果用玻璃门就不会破坏室内的通透感或明亮感了。为了保护隐私，可以采取磨砂玻璃等遮挡视线。这种情况会导致洗澡时别人就无法使用洗手间，因此，一定要在别的楼层另设一个洗手间。

57

在洗手间也开一个小窗，打造舒适的空间

洗手间和客厅不一样，并不是必须有窗户。为了通风换气，可以安装一扇小窗户。有窗户就会有自然光，视线也可以看向窗外，能够消除室内的封闭感。洗手间大多设有用于收纳厕纸或打扫工具的吊柜，因此，可以在吊柜上方或者下方开一个窗户。如果在住宅密集区，担心隐私问题，可以采用磨砂玻璃窗户，或者把坐便器放在窗外看不见的地方。此外，如果窗户做成下方一按就可以斜着打开的样式，那么下雨天就算开着窗也不用担心漏雨了。洗手间里可以打造一个壁龛，装饰上喜欢的画或者小玩意儿，放松心情。壁龛和窗户同时设计，试着打造一个明亮的空间。

推拉窗和洗手台宽度一致，让洗手间显得清爽

在洗手间的一角设置一个方形的迷你洗手台，根据其宽度竖着开一扇推窗。因为处在拉开洗手间门正对着的位置，开门的一瞬间就能看见自然光，感受到开放感。窗户下的空间也可以用于装饰。（设计 / 明野设计一级建筑师事务所）

换气效果良好的地窗或橱窗，添加照明打造舒适空间

从侧面可以推开的地窗设计不用担心外面的视线。从下面吹上来的风可以通过天花板的排气扇排出去，因此整个洗手间换气效果很好。还可以装饰布帘，用间接照明打造舒适宜居的空间。（设计 /Light Staff 设计工作室）

窗户和收纳空间都能得到保证，用间接照明营造放松感

卫浴一体化的洗手间中，在吊柜和吧台中间用磨砂玻璃打造一扇推拉窗。这样一来，狭小的空间就会显得宽敞。既能开窗户又能充分保证收纳空间。在柜子上下方设置间接照明，打造令人放松的空间。（设计 /Noanoa 空间设计工房）

58 和客厅连在一起的洗手间，要在开门后一眼看到的地方下功夫

　　狭小的住宅适合选用在洗手间和 LDK 之间没有走廊，而是直接连接的布局。需要注意的是，打开洗手间门后，从餐桌或沙发方向看过去，不要让洗手间一览无余。要考虑洗手间门的朝向或坐便器的位置，避免在打开门正对着的地方放置坐便器。具体布局方法是，可以把洗手间设置在和客厅平行的方向，或者把坐便器放在洗手间横向最深处。正对着门的地方可以打造时髦的洗手台，或是设置可以看见窗外景色的小窗，或是装饰好的壁龛等，把开门后可以看见的地方布置得美观一些。也有玄关直接连着洗手间的住宅。这时，为了让洗手间不那么显眼，要采取同样的布局。此外，为了不让邻居家或者站在玄关的人轻易听到洗手间的声音，隔断的墙壁可以多采用隔声效果好的材质。

精心选择墙壁颜色和洗手台款式

这是从玄关可以直接出入的洗手间。不让在玄关的人直接看见坐便器。墙壁粉刷成淡绿色，将柳宗理设计师设计的厨房用水池接上水管焊在墙上，看起来很美观。（设计 /Love 设计之家）

四方形洗手台和窗户的宽度一致

这是在厨房内部设置洗手间的布局。洗手间设计在和隔断墙平行的位置上，坐便器放在进门后左手边的内部，因此从厨房看不见。看得见的部分是迷你洗手台和小窗。为了节省空间采用推拉窗，这也是重点。（设计 /Noanoa 空间设计工房）

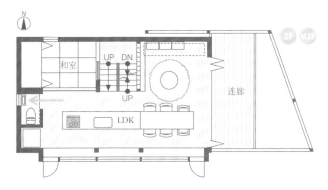

59

在有天窗的浴室可以享受仰望天空的乐趣

　　有很多浴室不得不安装在一楼内部北侧的房间里。为了让浴室变得明亮，最好安装天窗。天窗不仅能让室内变得明亮，还可以一边仰望蓝天或星空一边沐浴。如果采用只开一扇天窗，使一楼楼顶比二楼更突出的设计，那么二楼地板的面积就会变小。为了避免发生这种情况，推荐大家在浴室的墙壁上开一扇推拉式的天窗。自然光也会在墙壁上随着时间的变化而产生阴影。浴室如果设置在最高层，就不需要担心来自邻居家的视线了，此时可以把浴室的天花板全部做成天窗。如果是朝北的斜面天花板，就不用担心夏天阳光直射了。

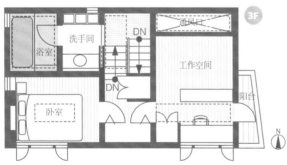

正面天窗的天花板可以获得明亮感和开放感

这是设置在三楼的浴室。朝北倾斜的天花板全部做成了天窗。无论是在看见星星或月亮的晚上，还是在看见蓝天的清晨和午后，都可以愉快地享受沐浴时间。浴缸和洗手台的隔断也采用玻璃制品，洗手台也显得格外明亮。
（设计 /Noanoa 空间设计工房）

在比上一层楼稍微突出一点的地方开天窗

这是浴室放在二楼的设计。二楼比三楼稍微向北突出，这一部分可以做成斜面天花板，然后开一扇天窗。自然光可以照进来。鱼缸旁边的窗户设计成迷你地窗，摆上绿植。这样浴室就成了既能享受蓝天又能享受绿叶的空间。

无法开窗户的洗手间，在浴室开一扇大窗
让光线透过玻璃照进来

朝东的浴室可以开一扇大窗让光线充分地照进来。旁边的洗手间
无法开窗，可以把它和浴室之间的隔断或门设计成玻璃材质的，
便于光线透过浴室穿透过来。这样就算没有窗户洗手间也可以
很明亮。（设计／明野设计一级建筑师事务所）

60 不开窗的洗手间可以借用旁边房间的光线

如果优先客厅或餐厅的光照，那么洗手间无论如何都会昏暗。由于洗手间大多设计在朝北的地方，考虑到人的视线，窗户不能开得太大。这种情况下，可以考虑把光线从旁边的房间里引导进来。推荐采用在隔断墙上面的天花板开一扇不能打开的固定缝窗的方法。这样一来，既不用担心从隔壁房间看到洗手间，又能获得光照。洗手间的窗户一直延伸到隔壁房间，原本显得封闭的地方也会让人感觉宽敞。浴室可以开窗，洗手间却不能开的例子有很多。这时，可以在浴室和洗手间之间用玻璃门或玻璃墙隔断，这样从浴室的窗户照进来的光线也能透进洗手间了。在感觉到无法按自己的想法来设计窗户，无计可施只能放弃的时候，要尽可能地开动脑筋，想办法打造出一个舒适的空间。

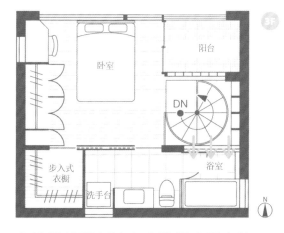

在楼梯的隔断墙上安装便于采光的
缝窗

洗手间虽然朝南，但由于旁边就是邻居家，没办法安装
窗户。这里可以在洗手间和楼梯之间的隔断墙上侧开一
扇缝窗。由于楼梯间设有天窗，光线也能透过天窗照到
洗手间。光线经过镜子的反射会更加明亮。（森、朝比
奈宅设计／Noanoa 空间设计工房）

61

浴室窗户设计在和浴缸差不多高的地方

　　如果把浴室窗户装在和浴缸边缘差不多高的地方，泡澡时如果觉得稍有胸闷，一伸手就能轻松开窗了。凉爽的风吹进来，头脑一下就清醒了。浴室中常见的窗户位置一般是在和洗手台或者浴缸相同的墙壁上，其高度是在洗手台旁可以够到的高度。比起滑轨窗或百叶窗，最好选用磨砂玻璃窗，这样便不用担心外面的视线。为了防盗，可以做成人的脑袋伸不进来的尺寸或者直接做成缝窗。如果想要大窗户，只要在外面立起挡视线的栅栏即可。栅栏内部可以设计成庭院风格或是放上绿植盆栽，这样更能心情愉悦地享受沐浴时间了。

贴着柏木木板的浴室可以设计两个窗户，通风效果更佳

一扇窗户是高窗，另一扇则是安装在头部一侧和浴缸一样高的百叶窗。窗户外立有栅栏，栅栏上挂着花盆。柏木的味道和花香令人舒服。（奥田宅设计 / 田中娜美工作室）

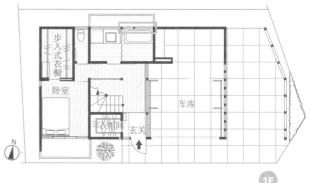

窗户外立着栅栏，不必担心视线且能通风采光

和鱼缸高度相同的侧面缝窗中一部分采用了百叶窗的设计，在泡澡的时候可以自由开关。由于是浴室和洗手间一体化的布局，洗手间整体都用木栅栏围起来了，因此既不需要担心外面的视线，又能享受光照和通风。（高桥宅设计 /unit-H 中村高淑建筑设计事务所）

62 用木地板等制作温泉角，打造宽敞的浴室

在浴室内设计一个温泉角，在家也能享受到温泉疗养的感觉。比如，可以泡澡之后坐在温泉角的木地板上喝一杯啤酒。如果有孩子，可以在浴缸里放满水，开着窗，营造游泳池的氛围……地板的材料可以选用木质贴板，只要是不容易滑倒的材质都可以。考虑到尺寸和成本，虽然温泉角的设置花费较多，但对于喜欢泡澡的人来说，这是享受放松身心的沐浴时间。浴室内通风采光俱佳也是这一方案的优点。同时，还不容易发霉。当然，也不要忘了保护隐私。如果做一面高墙，那么这一设计方案在住宅密集区也能实现。

用高墙遮挡温泉角，在住宅密集区也可以享受露天泡澡的乐趣

这是设计在浴室南边的宽敞的温泉角。由于四周都被高墙围起来了，不需要担心他人的视线，可以一家人在此享受泡澡的乐趣。门做成法式落地窗，可以全部打开，更具开放性。（永田宅设计/SORA 工作室）

在占据房间大半面积的温泉角内，从浴缸也可以看见天空

在浴室的外推窗外设计一个占据房间大半面积的温泉角。虽然为了遮挡视线做了高墙，但因为天花板上有天窗，可以一边泡澡一边仰望天空。窗外还放着植物，能享受悠闲而惬意的时光。（设计/志茂工作室）

卧室的设计方法

63 事先决定床的方向和空调的位置

卧室和客厅不同，大多空间紧凑，没有宽敞的空间。因此，在决定房间布局时，如果不考虑床或化妆柜等家具的布局，可能会导致收纳柜的门或抽屉不容易打开等问题。此外，建议空调的位置要和床的方向一起决定。如果空调的冷风或暖风直接对着脸吹，会让人感觉不舒服，影响睡眠。先决定床的位置，然后把空调装在对着脚吹的地方。如果直接考虑收纳柜或窗户的布局，可能会导致空调不得不装在对着头部吹的位置。如果觉得空调太显眼，可以装在墙面收纳的上方，或者用百叶帘遮挡。

把空调横向装在对着脚的地方

这是把空调装在脚边的案例。冷热风都不会直接对着头部吹，可以让人睡得很舒服。朝向车库的那面开了一个高窗。在床脚的延长线上开一个缝窗保证采光和通风。既能保护隐私，又能保证舒适性。（齐藤宅设计／明野设计一级建筑师事务所）

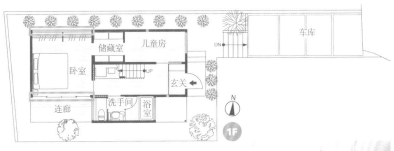

面对面安装窗户，通风效果极佳，衣服也容易晒干

这里在朝着晾衣服用的露台的南面墙壁开了一扇外推窗。对面的墙壁上，衣帽间上方也侧开了一个缝窗，因此通风非常好。朝南的窗户旁还放了室内晾衣架。（设计 / 明野设计一级建筑师事务所）

64

两扇窗户对开的设计，关上门之后通风也很好

　　卧室是私人空间，通常都会关门。为了让房间在关门的时候也能通风，最少要做进风口和出风口两个窗户。为了设计墙面收纳，或是避开邻居的视线，留下两扇窗户的位置会比较难。但可以在墙面收纳的上方或是下方开一个缝窗，打造通风口。这样一来，比起把整面墙都设计成收纳柜，更能减轻房间的压迫感，可以说是一石二鸟。为了通风，在门上开一扇百叶窗后，再在卧室内开一扇窗户。但是这个方法会破坏空调的效果，因此不推荐。此外，还要注意一点，早晨的阳光刺眼，想在早上好好睡一觉的人最好不要在朝东或朝南的墙上装太大的窗户，如果必须要安装，记得加上遮光窗帘。

安装窗户时也要考虑隐私或防盗

设计在床头和床尾的两个窗户都是细长的缝窗，因此，既可以避开外面的视线又能通风。横向的缝窗正对玄关，因此在窗外设计了防护栏，以保护隐私和防盗。（村上宅设计 / 山冈建筑研究所）

65

光线不充足的卧室可以在与隔壁房间相邻的隔断墙上下功夫

由于面积有限，卧室不得不设置在昏暗的地方或者紧挨着邻居家的地方。这样感觉无法安装窗户，只能住在昏暗的地方。晚上睡觉的时候可能不会太在意，但白天还是需要光照的。推荐在和客厅旁边房间相邻的墙壁上开一扇室内窗，可以从别的地方借光。最容易开窗的地方就是墙壁上方，不用在意家具位置。从隔断墙的天花板旁边开始，将整面墙都做成推拉窗，这样光线就能适量地从隔壁房间透进来了。由于两个房间的天花板连在一起，封闭的卧室也能达到更宽敞的效果。把卧室设计在客厅上方通风口的住宅中，如果在通风口所在的那面墙上开一个透明玻璃窗，不仅可以让光线透进来，还可以和楼下的家人互动。

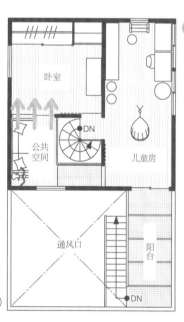

在楼梯间明亮的那面墙上安装玻璃推拉门

由于住宅和邻居家距离很近，所以窗户不能开得太大，可以在楼梯间光线充足的墙上开一扇玻璃推拉门采光。因为推拉门外的楼梯间和客厅是分开的，私密性好，即便使用玻璃窗也不用担心隐私。（永田宅设计/SORA工作室）

66

在卧室开天窗可以享受到星空或朝阳

　　忙碌的一天过后，在夜空中的月亮或星星的陪伴下入睡，早起的时候迎着朝阳睁开双眼——很多人都梦想着这样的生活。如果在卧室里开一扇天窗，就能实现这个梦想了。天窗如果开在朝南的屋檐上会导致夏天受到阳光直射，所以最好开在朝北的屋檐上。然而，夏天的天亮得特别早，就算天窗朝北，室内也会很早就亮起来。更喜欢早上一睁眼的明亮呢，还是更愿意在清晨睡个懒觉呢？要根据自己的喜好或生活方式，充分考虑到优缺点后再决定。此外，说到天窗，大家一般会觉得是正方形的。但也有根据外墙的形状做成细长型天窗的情况。这样，早上的阳光就会非常柔和。

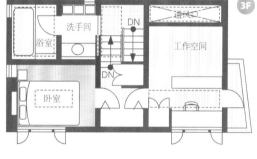

光照在白色的墙壁上，睁开眼就觉得心情愉快

天窗开在单面朝北倾斜的屋檐上。墙壁刷成白色，早上太阳升起时，柔和的色彩映入眼帘，让人一睁眼就觉得心情愉快。夜晚，星星点缀着蓝色的房间。（设计 /Noanoa 空间设计工房）

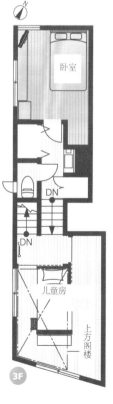

除了天窗以外，卧室还设有两扇齐腰高的窗户

在天花板上顺着朝北缓缓倾斜的方向安装一扇天窗。此外，北面和西面也有窗户，采光非常好。孩子年纪小，这一设计可以让家人一大早起来就元气满满。（宫崎宅设计 /KURASU 工作室）

加厚下半部分的墙壁，做成床头柜

把床头一侧的墙壁下方加厚，做成床头柜。虽然厚度小，但也能放下喜欢的照片或其他装饰品，用做陈列台。（尾崎宅设计 /Plan Box 一级建筑师事务所）

67 床头安装壁龛更为方便

　　床头最好有个小型置物架，方便放东西。如果放置床头柜，就会占地方。如果想在床头留出放东西的地方，建议利用墙壁的厚度设计一个壁龛。手表、眼镜、睡前读物、手机等都能放得下，非常方便。有人习惯把手机放在枕边充电，早上也会拿手机看时间，因此可以在两侧壁龛内各设一个插座。如果壁龛足够宽，还可以摆上照片等装饰品作为陈列台使用。还有一种方法是利用墙壁的厚度，设计较深的壁龛，使其可以放下台灯。插座也不会花太多钱。

在贴着纯白色木板的墙壁上设置壁龛，兼具收纳和装饰作用

床头一侧的墙壁上贴有纯白色的木板，在这里打一个壁龛。壁龛的宽度和床的一致，除了手表以外，还能放相框或其他装饰品。（太田宅设计 / 濑野和宏＋设计工作室）

68

和室要准备方便取放被褥的收纳空间

打造和室一定要设计被褥的收纳空间。由于被褥每天都要取用，减轻这一行为带来的家务负担也很重要。壁橱非常占地方，房间会因此变得拥挤，此时可以将其打造成吊柜。再加上间接照明，以及可以看见外面草坪的内部地窗，可以营造出悠闲的氛围。卧室旁边设有衣帽间，把被褥放在衣帽间也是方法之一。用于收纳衣服的柜子只要深60cm的空间即可，而收纳被褥则需要深75cm的空间，因此要把这两个收纳柜分开。为了方便取放被褥，收纳柜可以设置在衣帽间入口处。还可以把被褥收纳在和室内可以打开的地板下。这种方式既方便，又不会让房间变得拥挤。

衣帽间靠近和室的那一侧设有刚好放下被褥的柜子

和室旁设有夫妻用的衣帽间。从和室进去的右手边，设计了一个和衣柜分开的被褥专用收纳柜。这样搬运被褥的路线就缩短了。入口处的推拉门的优点是，即便手上拿着被褥也能轻松开关。（小川宅设计／田中娜美工作室）

在白色吊柜下安装间接照明，更具时尚感

在铺着榻榻米的和室中安装了一个白色吊柜。虽然是和式壁橱，但设计前卫，非常时尚。壁橱下有间接照明，营造出时尚感。（设计/Love设计之家）

69

在卧室旁设置一个兴趣角，充分享受私人空间

　　睡前一两个小时可以做自己想做的事——很多人都想要一个这样的空间。虽然人的兴趣爱好很多，但如果是不太占地方的、噪声不大的爱好，推荐在卧室旁设置一个兴趣角。比如，在卧室旁紧挨着衣帽间的角落或是通往衣帽间的地方，摆一张特制的桌子，或打造一个墙面收纳柜，就能留出享受兴趣爱好的空间。如果累了也可以立即上床睡觉，非常方便。虽然也能在卧室内设兴趣角，但不适合晚睡的人。因为灯光或声音会干扰伴侣的睡眠。如果出于占地面积的考虑，不得不放在房间内，可以在角落和床中间做一个翼墙，或者用推拉门隔开，而且设置兴趣角时一定要考虑伴侣的感受。

在卧室旁边的衣帽间内设计一个角落

在衣帽间连着卧室的那面墙上做一个桌子和搁板。用翼墙隔开床和这个角落，这样不会影响伴侣休息。如果想要"隐蔽感"，可以把衣帽间的入口用推拉门和卧室隔开。（设计 /Plan Box 一级建筑师事务所）

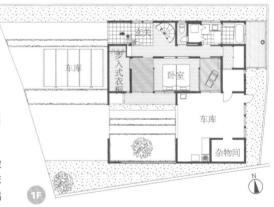

卧室旁边设置能看见爱车的角落

卧室的两边用聚碳酸酯材质的翼墙隔开，可以确保夫妇两人拥有各自的私人空间。男主人从窗户可以看见自己的爱车。只要打开车库的照明，使用来自车库的灯光，屋内不开灯，也就不会影响女主人睡觉了。（宫坂宅设计 /捉迷藏建筑设计室）

玻璃墙既能保证隐私又能采光

　　想要一间光照充足的卧室，但如果安装大窗户又担心来自外面的视线。这种情况下，推荐大家将外墙的一部分做成玻璃墙。玻璃墙透光，从外面看，就算不用窗帘遮挡也看不清里面，能保护隐私。因此，在住宅密集区也不用担心隐私问题。玻璃墙对室内设计也有好处。阳光照进来时会产生阴影，晚上的灯光从外面看，显得朦朦胧胧，因此在日常生活中就能够享受光影之美。不喜欢房间很亮的人可以在墙边挂上遮光窗帘或百叶卷帘，只要在睡前拉下来即可。

时尚的玻璃墙既能遮挡视线又能保证采光

把卧室旁没有隔断的楼梯间的外墙做成玻璃墙。虽然是住宅密集区，但不用担心外面的视线，而且能保证采光。楼梯间的上方开有天窗，可以导入光线，让卧室更加明亮。（森、朝比奈宅设计 / Noanoa 空间设计工房）

专栏

打造舒适住宅时不可或缺的隔声方法

风声、雨声等自然的声音是不会惹人注意的。但汽车驶过的声音或邻居家的噪声则会让人心烦意乱。除了采用隔声效果较好的窗框外，如果知道声音的来源方向，那么可以做一个储藏室或衣帽间。此外，人们很难注意到的"自己发出的声音"也会变成噪声，特别是在安静的住宅区，洗手间或浴室的流水的声音等，会比想象得大。可以不让洗手间的窗户朝向路边，如果只能朝向路边，那么就把窗户做得小一点。最近，人们在设置地毯、榻榻米、窗帘等时，很少使用吸音的材质了，因此很容易听到各种声音。只需换成百叶卷帘或是挂上挂毯就能打造出一个安静的环境。（建议 / 明野设计一级建筑师事务所）

在单间的"LDK+露台"布局中，享受惬意的生活

2F 客厅

在开放式空间中，用楼梯不经意地隔开和室和客厅，出空间布局张弛有度。纯白色的白桦木地板能够给人带来宁静的感觉。天花板则稍微倾斜。

2F 露台

宽敞的露台是女儿最喜欢的空间。"在露台上坐着喝啤酒"是主人的要求，因此，这个和自然融为一体的空间就诞生了。

2F 和室

和 LDK 连在一起的榻榻米区域，实现了男主人"希望有能随意躺下的活动空间"的要求。家庭共用的书柜成了 LDK 的隔断。

案例 1　石泽宅　设计：unit-H 中村高淑建筑设计事务所

2F DK

这是餐桌和厨房吧台连在同一个平面上的空间。不锈钢台面和柜门组成了吧台，给人一种时尚感。背后的收纳台也和电脑桌连在一起。

前往石泽家拜访的客户都会对二楼宽敞的空间感到惊奇，而在看到能眺望邻居家绿地的宽露台后就更惊讶了。设计这一充满开放感的住宅的是建筑师中村高淑。石泽夫妇曾多次拜访中村的开放式住宅，对中村住宅的简单设计十分着迷，并对中村提出的建议表示认同，因此，决定把室内设计托付给中村。设计方案的重点是连接二楼露台的LDK。在露台的大开口部可以看见远处的绿植，室内光照也非常充足。露台和室内地板没有高差，可以直接从LDK走过去，看起来比实际的房间面积要大很多。再加上齐腰高的木质栅栏把四周都围起来了，可以保护隐私。喜欢料理的女主人对厨房的要求很高。把厨房吧台和餐桌放在同一条直线上，厨房旁边设有餐具收纳空间，可以实现高效的料理动线。站在厨房可以从LD一直看到室外露台，方便和家人交流。

2F 儿童房

主人重视亲子间的沟通，因此我们在LDK的同一层设置了儿童房。儿童房离厨房很近，主人在做饭时能时刻关注在房间里玩耍的孩子。

2F 厨房

（右）这里即便不放餐柜也能确保餐具和烹调用品的收纳空间，设计风格和整个房间相融。
（左）在离厨房几步远的地方设有餐具收纳空间。

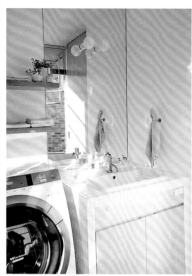

1F 洗手间

（右）可以直接通往庭院的洗手间。沐浴时拉上百叶卷帘或浴帘。朝南的方向装了一扇大窗户，不用担心湿气或发霉的问题。（左）洗手台上安装了白色毛巾架和白色壁龛。

客厅和浴室有很多窗户，在家里也可以亲近自然

1F 洗手间

洗手间设在一楼卧室旁边。因为水箱深处的置物架是上开式的，从里面拿东西很方便。这是一个活用空间的例子。

楼梯和大厅

（右）墙壁整面都做成黑板墙，可以画画。玄关大厅就变得充满趣味了。镂空的框架式楼梯不会带来压迫感。（上）光线可以从楼梯下面的窗户照进来，经过楼梯到达二楼。铁质的细扶手给人一种个性鲜明的感觉。

1F 卧室

正对着庭院的外推窗和面向车库的高窗。设计两扇窗户能确保通风。左手边的两扇门是夫妇各自的衣帽间。衣竿也是根据各自的身高定制的，用起来非常顺手。

1F 玄关

主人回家后习惯立刻把鞋子收进玄关旁的衣帽间，外出前还可以在门边的穿衣镜前检查自己的仪容，非常方便。

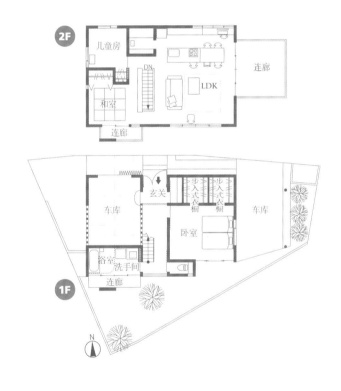

外观

这个设计非常适合常有客人来访的石泽家。玄关大门和窗户设计得很漂亮。铁质大门的对面是车库。折叠式推拉门可以减少成本，设计效果也好看。

家庭档案

喜欢骑自行车的石泽健人和喜欢做料理的石泽宽子夫妇。他们的女儿菜帆（2岁）晴天时喜欢在二楼的露台上玩泡泡机。石泽家以前住在租的公寓里，有了孩子之后，开始建自己的独栋住宅，就委托中村给他们做设计方案。家里客人很多，女主人也喜欢一边做饭一边招待客人，所以希望有开放式厨房和一体式的LD。宽敞的露台可供儿童玩耍，客人来了也可以在那里喝啤酒聊天，作为第二客厅使用。坐在家里可以看见周围的树木，享受与自然融为一体的感觉。

数据

- ●家庭构成/夫妻2人+1个孩子
- ●土地面积/158.7 ㎡
- ●建筑面积/63.12 ㎡
- ●延伸地板面积/123.85 ㎡
  1F 为 60.73 ㎡、2F 为 63.12 ㎡
- ●结构、施工方式/木质双层建筑（轴组式工法）
- ●工期/2010 年 1 月—7 月
- ●设计/unit-H 中村高淑建筑设计事务所（中村高淑、三原敦）

2F 工作角

餐厅角落设有工作角，除了可以用于大人工作，还可以供孩子
长大之后在那里学习。

1F 厨房

吧台顶部是触感良好的大块瓷砖。表面使用松木材质。吊灯、水龙头、洗碗
机等不在设计方案预算内。

让每天的生活和家务都充满快乐

　　S宅是在南北走向的细长型土地上建立的三层住宅。带玄关的地下室也是日常生活的空间。一楼有 LDK 和洗手间，二楼则做成了休闲空间。一楼南北方向没有用墙壁隔断，而是活用地形的长度，提高了开放感。设计者小山说："三层住宅中经常把顶楼做成独间，但因为爬上去很麻烦，所以很少使用。光照和风景都很好，不使用的话就太浪费了！因此，我把顶楼做成了洗手间和杂物间。可以以一种看风景的心情进行沐浴，这样，做家务时心情也会愉快起来，不是吗？"委托人要求很明确，希望能使用天然材料，打造成就像旅馆一样舒适的环境。关于材料方面，女主人重视的是颜色，男主人则重视触感。必须选择双方都能接受的材料。在室内环境方面，使用24 小时恒温空调。一个机器就能控制整个家的温度，因此房屋之间也不会出现温度差，哪里都很舒服。夫妇两人和孩子都实现了旅馆式住宅的愿望，已经在此愉快地度过一年了。

案例 2　S 宅｜设计：Plan Box 一级建筑师事务所

1F DK

爬上楼梯后，正面就是厨房。
这里也可以招待客人。地板
的大理石和墙壁的拼接瓷砖
选用了时尚且柔和的颜色。

1F DK

（左）餐桌在和岛式吧台同一直线的位置上。里面是用稍高一些的遮挡墙围起来的阳台。（右上）壁龛和灶台合为一体，缩短移动路线。（右下）烹调家电、餐具、食材放在带拉门的墙面收纳中。

1F 客厅

（右）通风良好且充满休闲感的客厅。为了借用邻家庭院的绿景，窗户的布局非常考究。（左）电视左右设有拉门，可以收纳客厅周围杂七杂八的东西。拉门的材质和厨房的橱柜相同。

2F 杂物间

和洗手间连在一起的杂物间。洗衣服或熨衣服都在这里。
欧洲栎木的地板打磨光滑，光脚踩上去也很舒服。

2F 洗手间

这是能够充分享受阳台透进来的光线的洗手间。工艺考
究的拼接瓷砖和设计时尚的水池相结合，共同打造出高
雅的氛围。

2F 浴室

（上）倾斜天花板和天窗的搭配，具
有开放感。窗外是放满绿植盆栽的阳
台，和躺进浴缸后的视线平行。（右）
淋浴房、洗手间、浴室三合一的设计
很像酒店。

水池既充满设计感又能满足
主人需求

B1F 卧室

"希望卧室是能让人安心休息的空间，因此，安静的地下室非常适合做卧室。"虽是地下室，但旁边有采光井，光照和通风都很充足。

外观

由于地基比路面高，所以我们把它挖至和路面同一高度。外墙是石灰和石砖的组合。

B1F 玄关

门把手由天然石头制成。大门是经过防锈处理的铁门。做旧的室内窗别有一番风味。

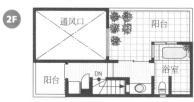

2F 通风口 / 阳台 / 浴室 / 阳台 / DN

1F LDK / 阳台 / DN / UP / 工作角

B1F 卧室 / 步入式衣橱 / 准备室 / 干燥区 / 干燥区 / 书房 / UP / 玄关 / 收纳面

数据

- ●家庭构成 / 夫妻2人 +1个孩子
- ●土地面积 / 80.00 ㎡
- ●建筑面积 / 39.13 ㎡
- ●延伸地板面积 / 92.39 ㎡
  B1F 为 38.98 ㎡、1F 为 39.13 ㎡、2F 为 14.28 ㎡
- ●结构、施工方式 / 地下1层 + 地上2层的构造（轴组式工法）
- ●工期 / 2010年4月—9月
- ●设计 / 小山和子、涌井辰夫、中村高淑、三原敦

B1F 洗手间

在卧室那层设置一个小洗手台，早上或睡前可以在这里洗漱。右边的拉门后面是男主人的书房。

家庭档案

家庭成员是夫妇两人和三岁的女儿。机器设备和零件等都是委托人自己购买的。既能减少成本又能享受选购家庭装潢用品的乐趣。对于双职工的家庭来说，追求的是住宅带给人的"放松感"。希望把家里做成酒店。我们喜欢具有开放感的客厅和能够放松休闲的浴室。此外，在和"Plan Box 一级建筑师事务所"商谈时，我们对"上楼梯后立刻就是厨房"的设计方案一见钟情。朋友来访时，可以围在岛式吧台周围一起做饭。

第二章

从居住方式思考
房间布局

采访合作：中村高淑（unit-H 中村高
淑建筑设计事务所）
中村薰、盛胜宣（FISH+ARCHITECTS
一级建筑师事务所）
图片：萩原宅
设计：萩原健治建筑研究所

便于招待客人的房间布局

71 如果将客厅的天花板建高，那么即便客人很多，也不会感到拥挤

　　在最近的住宅设计中，为了招待客人，客厅区域变成了设计中心。由于开放型的厨房已经变成主流，从客厅到餐厅、厨房连为一体的LDK就成了住宅的中心，变成了招待客人的场所。家人和客人聚集的地方是家中最重要的场所。不仅是对家人，对于来访的客人，屋主也希望他们能轻松愉快地度过相聚时光。首先要确保LDK区域是日照好、风景好，并且能让人心情舒适的地方。如果有连廊，客人来访时，既可以在那里用餐，也可以在室内自由行走。如果是访客很多的家庭，需要注意天花板的高度。如果能得到比实际空间更宽敞的感觉，就感受不到拥挤了。将天花板、窗户以及吊灯等隔离在人们的视线之外，就能营造更舒适的空间。

大落地窗和高通风天花板会使空间显得开阔

通风口的高度要控制在240 cm左右。这样，屋外的绿化映入眼帘，室内的人能感受到开阔感。从通风口一侧能够看见自然光。视线所到之处，都能感受到超出实际空间的开阔感。
（设计/unit-H 中村高淑建筑设计事务所）

72

如果在客厅和餐厅的中心设置一个开放式厨房，招待客人非常方便

接待客人要考虑到各种情况。比如，只是喝茶的情况，想要留客人在家吃饭喝酒的情况，还有饭后留宿的情况。为了让客人感到舒适，需要思考访客的拜访模式，并考虑与之契合的布局。如果和客人一起做饭的情况比较多，那么在客厅与餐厅的中间可以设置一个开放式厨房，这样，既方便活动，又能让客人热情高涨。如果有孩子，这种布局还可以让孩子养成帮忙接待客人的习惯。建造厨房与客厅或餐厅一体的格局时，也要注意声音与味道。做饭时的味道会残留在客厅，水的声音也会打扰到客人。因此我们安装了高性能且具设计感的抽油烟机和静音性能强大的厨房水槽，对设备的精心选择使 LDK 的舒适性得到了提升。

最先迎接客人的"欢迎厨房"

从大门走上台阶，首先映入眼帘的是开放式厨房。这是能够招待客人的"欢迎厨房"的设计方案。主人和客人一起围在厨房交谈，气氛轻松愉悦。（设计 /Plan Box 一级建筑师事务所）

做饭的人与吃饭的人一起围绕在厨房

这是厨房的吧台和餐厅的桌子一体式的全开放式厨房，做饭的人和吃饭的人能一起交流互动的设计方案。可以自由活动的洄游动线设计，使得家人与朋友都能够轻松出入。饭后收拾餐具也很轻松。（上田宅设计 /SORA 工作室）

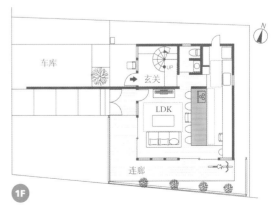

73

榻榻米式客厅，可容纳多人

最近，在餐桌上吃饭，客厅只放一个大沙发的家庭越来越多。虽然有沙发和椅子的 LDK 作为一个家庭的生活区域能够带来安心感，但其缺点在于一旦访客较多时便无法容纳所有人。这里给访客较多的家庭推荐榻榻米式客厅。带孩子来的客人也可以随便坐；访客较多时也不会拥挤。在客厅设计一个可以放榻榻米的地方，再加上触感良好的坐垫，会让人心情愉快。

榻榻米式客厅的特点是，房间的天花板看起来很高。对于小型住宅来说，这是可以作为参考的布局方式。因为这种布局会让实际空间看上去更大，会消除拥挤产生的压迫感。如果介意坐在地上休息的人和站着做饭的人之间存在的视线高度差，可以提高客厅榻榻米的高度，并降低厨房榻榻米的高度，消除视线高度差。这样，就形成了一个可以一边做饭一边愉快聊天的空间了。

可以放松身心的被炉桌子

桌子四周贴着墨西哥瓷砖，下方有一个脚炉。北侧天花板较低，但因为设置了榻榻米地板，所以视线也变低了，空间的压迫感消失不见。榻榻米地板材料采用赤陶土。（设计 /Plan Box 一级建筑师事务所）

不放置大家具，充分扩大客厅的空间

客厅的大小是 23 畳（畳：计算榻榻米的量词，1 畳 ≈ 1.62 m²）。不要放置沙发等大型家具，而是设计成榻榻米式地板，客厅空间便可灵活使用。地板选用温暖干净的材料。光从通风口处的吊灯照射下来，空间变得明亮。（小林宅设计 / 宫地亘设计事务所）

可以躺着和朋友一起度过自由时光的榻榻米客厅

这是可以躺下的榻榻米客厅。因为没有门窗和隔扇，餐厅和走廊一直到厨房都是连接在一起的，所以能够感受到一种巨大的开阔感。再加上榻榻米式餐厅，客人能够在房子里度过自由快乐的时光。（小川宅设计 / 田中娜美工作室）

74

收纳柜均有柜门，客人突然来访时也不会惊慌失措

　　客房和接待室，曾经是专门招待客人的独立房间，然而目前在住房越来越紧张的城市，这样的设计已经不被采纳了。LDK 的界线也变得模棱两可。高效率的现代生活空间是将 LDK 一体化的空间。这样一来，容易堆积很多杂七杂八的东西。东西散乱时，如果有客人来访，那么主人肯定会慌张地整理。如果安装带柜门的收纳柜，就可以避免这种情况了。如果在墙壁的一边设计一个开放式的置物架，会带来压迫感，而如果设计带有柜门的收纳柜，看起来就会很舒服很多。此外，储藏空间需要柜门。如果能腾出一个地方来收纳所有的东西，这样，虽然 LDK 的面积会变小，但是却能一直保持整洁的状态，打造出舒适宜居的家。

在必要的地方设计储藏空间，让房间整洁清爽

这是设计开放式 LDK 的住宅。餐厅的墙上装有柜收纳，客厅设有储藏空间和放电脑的空间，厨房设有食品储藏空间。关上柜门后，整个房间会让人感觉宽敞舒适。（设计 / 田中娜美工作室）

打造类似壁橱的收纳柜

在客厅里面设置一个与壁橱一样的收纳柜。柜子里面有浅色的隔板，可以放下很多东西。孩子们的玩具也可以放在这里。（浅井宅设计 /Studio Style 工作室）

75

从玄关看去，客厅构造一览无余

方便招待客人的家是什么样的呢？有些客人在初次来访时会觉得紧张。为了打造让初次来访的客人感到放松的住宅，一定要注意客人进门时，在玄关看到的第一印象非常重要。如果客人不知道客厅的所在，就会感到彷徨。进门之后，如果首先映入眼帘的走廊有些昏暗，第一印象就会变差。如果玄关的延伸部分通向客厅，眼前就会呈现出一个明亮愉快的空间，那么，客人便清楚地知道客厅在哪里。另外，不想让访客进入的卧室等私人空间，要将门窗关好，可以避免一些不必要的麻烦。要设法告诉客人"这个地方不方便进去"，这也是需要注意的。在容易显得昏暗的走廊或玄关附近，推荐大家放置一些鲜花、艺术品、照明灯具等让人心情愉悦的东西。

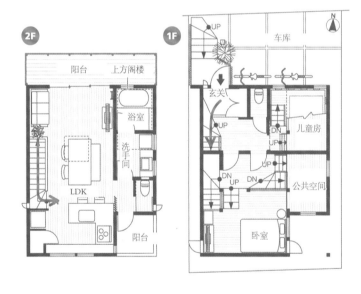

吸引客人的视线，让他们到二楼的楼梯处

这是 LDK 设置在二楼的案例。一进门就是通往二楼的楼梯。因为上面光照明亮，客人自然而然地就会往上走。一楼的私人区域要用门窗明确地隔开。楼梯也可作为凳子使用。

设计从玄关可以直接进入客厅的路线

这是省去玄关大厅，直接从玄关进入客厅的住宅。在客厅，视线可以看到二楼。玄关和客厅之间的隔断是用可以透光的聚碳酸酯材料做成的拉门。拉门敞开时可以享受到开放感，关上后打开空调，还能提高空调的效果。（设计/MONO 设计工作室）

76

思考访客如果经过 DK，其路线是否合适

让客人看见餐厅和厨房是否合适？这可以根据主人的个人习惯决定。喜欢招待客人吃饭的主人，和客人一起站在厨房的情况会很多，这种情况应该把餐厅和厨房设置在公共区域，也可以放置一个开放式餐桌。相反，对于在意私人空间的主人来说，就需要考虑如何让访客看不到餐厅和厨房。比如，客厅与餐厅之间可以用楼梯隔开，或是设置独立厨房。另外，对于经常有邻居来做客的家庭，建议扩大玄关面积，将其作为土间使用。或者在入口处铺设榻榻米用来招待客人喝茶，不必让客人进入房子内部。先考虑自己的生活方式，区分公共空间与私人空间，然后确认住宅格局，这个流程非常重要。

不设置玄关大厅，让客人从玄关直接进入 DK

客人进门后，映入眼帘的是岛式厨房。这是能够实现 Y 先生拥有"欢迎厨房"梦想的设计方案。没有玄关大厅，住宅内部是餐厅和厨房。岛式厨房设有吧台，打造出家人和客人都能尽情享受的用餐空间。（设计 /Plan Box 一级建筑师事务所）

在玄关处的土间和榻榻米处招待客人

这是建造在细长狭窄土地上的地下一层到地上三层的住宅。扩大玄关土间面积，做成"过渡间"。往上走几个台阶的地方设有方便客人坐下喝茶而设计的"小坐间"。再向上走，就是客厅和 DK。最上面一层是卧室。沿着台阶向上走，依次是公共空间和私人空间，实现了多样化的待客方式。（设计 /FISH+ARCHITECT 一级建筑师事务所）

设计玄关到客厅，玄关到 DK 两种动线

进入玄关后，右手是客厅。除了玄关通往客厅的动线，还有玄关直接连接 DK 的动线。想和客人进行交流时，既可以在客厅招待，也可以在 DK 或露台开烧烤聚会。（横山宅设计 /Dinning plus 建筑设计事务所）

77 理想的住宅是将客人用的洗手间和家人用的洗手间分开

　　一般认为洗手间是私人空间，但实际上访客也需要使用。如果把一些要洗的衣服随意扔在洗手间，洗衣粉等也随便放在里面，那么客人来访时肯定会着急收纳起来。此外，如果洗手间设置在需要通过洗面台才能进入的地方，那么使用洗手间的客人就会多次经过洗面台，这样双方都会觉得有点儿不舒服。如果是访客很多的家庭，最理想的是将客人用的洗手间和家人用的洗手间分开。在家人使用的洗手间里面，可以放置洗衣机和打扫工具等。客人使用的洗手间，也可以设计得狭小一些。如果是在预算和空间方面设置第二个洗手间都有困难，那么可以扩大洗手间面积，设置独立的洗面台和镜子。

把两个洗手间设置在不同的楼层，确保隐私

这是把客人用的洗手间设置在一楼的 LDK 旁边的设计方案。虽然空间紧凑，但仍可安装洗面台。家人用的洗手间设置在卧室与儿童房所在的二楼，洗手间具有的木质感和室内设计也非常相配。

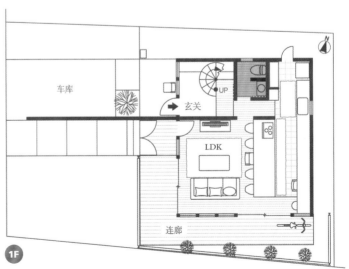

78

将客人用的洗手间
设置在客厅附近

　　思考如何给访客一个能够放松休息的空间时，洗手间很重要。为了方便客人使用洗手间，建议把洗手间设置在容易看见的地方。走廊上并排有好几个门，因此可采取改变洗手间门的颜色和材质的方法，事先告诉客人洗手间门的颜色，以便客人能轻松找到。洗手间和客厅需要保持距离。如果洗手间离客厅太近，能够看见并且听到声音，客人就会不好意思使用。应将洗手间设置从客厅看不到的地方。在洗手间中准备镜子和洗面台，方便客人使用。

厨房的收纳空间不动声色地遮挡了洗手间入口

这是设置在二楼的 LDK 侧面的供客人使用的洗手间。因为厨房的储藏空间可以挡住洗手间门，使用时不必担心来自 LDK 的视线。家人用的洗手间设置在一楼，并将浴室、洗面台、洗手间一体化，节省空间。（设计 /A seed 建筑设计事务所）

从客厅进入洗手间有两条路线

这是将洗手间设置在餐厅和厨房旁边的住宅。客人不是直接从客厅进入洗手间，而是拉开拉门会先看见一个洗面台的角落，再从这里进入洗手间。因为有了这一缓冲地带，让人感觉到洗手间和客厅之间的距离，可以放心使用。（设计 /Plan Box 一级建筑师事务所）

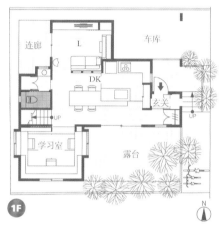

洗手间设置在楼梯间最里面，翼墙可以隔开客厅的视线

照片中的住宅，从客厅看向楼梯间，对面就是洗手间。楼梯间的墙壁阻隔了视线，无论是家人还是客人，都能安心使用洗手间。在洗手间外面的洗面台一角中，安装了墨西哥的圆形洗面台和铁质镜子，营造出一种欢乐的气氛。（设计 /Plan Box 一级建筑师事务所）

79

在客厅的一角设置一个洗面台，方便使用

洗手间是比较隐秘的地方，要同时供主人和客人使用是非常不方便的。通常设计方案时会把屋主的感受放在第一位。对于客人较多、经常聚会的住宅，建议大家先不考虑洗手间，而是在客厅的角落设置一个洗面台。客人需要洗手的时候，非常方便。若洗手间里堆满了换洗的衣物、水桶、洗衣粉等，则很容易显得杂乱。客人通过这个地方的时候，很容易注意到眼前的东西。如果在客厅的一角设置洗面台，就不用担心了。另外，如果是家里面有小孩子，吃饭时可以随时洗手，擦地板时也可以顺手洗抹布。家里养宠物的话，照顾宠物吃东西需要频繁洗手，有了这个角落洗面台就会方便很多。

无论从哪儿过去都很方便的角落洗面台

在从玄关到 LDK 入口处的地方设置一个洗面台。这不是一个独立的房间，而是一个开放区域，从玄关、洗手间、客厅过去都很方便。客人用起来也没有顾虑。（策划 /Chardonay 福井）

洗手间门前设置一个小型洗面台

在 LDK 旁边的洗手间门对面设置一个节省空间且充满设计感的洗面台。水池和瓷砖给这一空间增添了时尚感。水池上方有玻璃，光线可以从厨房透进来。（石田宅设计 / first 设计工作室）

在收纳柜的一角设置小型洗面台

这是应女主人要求设计的，以便孩子们回家后或者朋友来玩时，能在这里洗手。在客厅窗边兼做工作台的收纳柜上，设计一个小洗面台，使用方便。（设计 / FISH+ARCHITECT 一级建筑师事务所）

宽敞的开口以及镂空的台阶设计使房间显得更开放

打开玄关大门便是大窗户，走廊前方连接着露台。镂空的台阶设计让玄关大厅显得开阔明亮。朋友来访时一踏进玄关就会不由自主地赞叹一声。

可以如同欣赏画作一般欣赏窗外风景的玄关

打开玄关处的大门，映入眼帘的便是象征家庭的桂树。郁郁葱葱的树木宛如画作一般。朝着绿意盎然的阳台方向安装一扇窗户，每次进出玄关的时候，都能享受四季的风景。

80

打开玄关大门时让人眼前一亮的风景

虽然城市中的居住面积有限，但还是有很多人希望拥有开放的住宅。有一个让狭小住宅看起来宽阔的方法，即在打开玄关大门时看见的风景能够让人眼前一亮，这样房子看上去会比实际面积要大。可以在住宅正面设置一个窗户，让光线透进来，这样既能看见外面的风景，又不会挡住楼梯处的光和视线。或者布置楼梯间，楼梯所投射出来的阴影能带来高度和深度，使房间产生立体感……

为了营造这种"眼前一亮的感觉"，玄关周围视线所及之处都不要放置带有生活痕迹的东西。如果有收纳高尔夫球杆和婴儿车等物件的带拉门的墙上收纳，就更便利了。如果玄关处没有足够的空间，也可以在车库的某个地方设置一个室外收纳空间。此外，如果土间和台阶高度差较小，也能让房间看上去更宽敞。决定第一印象的是玄关。不要只把玄关视作一个用于出入的地方，而是要在有限的空间内进行灵活的设计。

生气勃勃的楼梯间具有强烈的视觉冲击力

楼梯侧面的设计可以说非常大胆。打开房门的时候，首先映入眼帘的是具有强烈视觉冲击的楼梯间。墙上黄铜色的具有年代感的室内窗户给房间增添了一丝暖意。（武藤宅设计/Beads Supply）

连接室内和室外的自在空间

拥有一个招待来访的朋友和邻居的自在空间是房主的要求。和室旁边设计了一个像门槛一样的木质长凳。如果再加上窗框和拉门，就会给人一种室外、土间、和室连为一体的感觉。（中川宅设计／下田设计东京事务所）

81 扩大玄关处土间的面积，可用作待客场所

大部分人都把招待客人的地方定在客厅。但是如果把玄关处土间的面积稍微扩大一些，就能作为另外一个客厅使用，招待客人很方便。这里不需要脱鞋，就能坐下喝茶聊天，客人不必进入住宅内部。比如，拿快递，或与附近的邻居串门时进行短暂的聊天，以及接待银行和保险公司的人上门拜访等，只需在玄关处即可。打造一个融入了许多自然元素，让人心情宁静的空间，客人拜访时也会觉得非常舒服。如果居住面积小，没有多余的空间，那么可以省去走廊。

舒适的土间是一个自由空间

宽敞的土间是孩子们玩游戏的场所，也是男主人的滑雪板"维修保养"的空间，还是能站着随意交谈的自由空间。在地板上铺设木板，漆成墨绿色，地板就会很耐脏。（设计／田中娜美工作室）

可以透进柔和阳光的玻璃房

把玄关大厅打造成被称为"西式土间"的玻璃房。地板铺上瓷砖，墙壁贴上木板，再设计一个天窗，打造成休闲空间，是家人和朋友享受茶话会的场所。（高桥宅设计／Plan Box 一级建筑师事务所）

82

开放的外部设计，方便人员聚集

方便人员聚集的住宅设计首先要从房子的外部构造入手。住宅的地理位置状况很重要。比如，如果住在需要开车外出的郊区，就有必要设置一个专门给客人使用的车库。而共享单车日益普及，如果有自行车车库也会很方便。

另外，客人来访时，如果从大门看不见玄关，会给客人带来压迫感。虽说需要考虑防盗，但要考虑访客的心情。无论是在自己家门附近散步，还是在客厅放松时都能让人感到轻松愉悦，来访的客人都会觉得主人容易亲近。但如果客厅从外面望去便一览无余，就没有放松的效果了。既能不动声色地遮挡视线，又能透过窗户感受光照，才是最理想的。

直接通向 LDK 的访客入口

这是多人聚集的住宅。墙面是白色的大理石，家人用的通道和客人用的通道是分开的。客人用的通道可以从走廊直接进入客厅。而家人用的通道是车库的延长，方便直接从车里搬东西进屋。

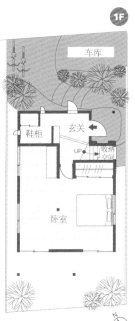

建筑物与道路之间用绿植缓冲

由于道路与房屋地基之间有 85 cm 的落差，因此设计了一个平缓向上的通道。此外还增加一个绿色的高台。正好不经意地遮挡了外面的视线，而对外则是一个开放空间。外壁采用树脂类涂料。（设计 / 共同设计）

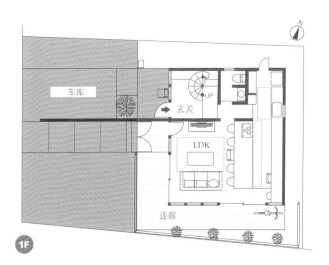

83 考虑客人留宿，准备客房

为来访的客人准备房间时，首先应该要考虑客人与主人之间的关系。比如，如果是亲近的朋友，那么只需要在客厅的一角设置一个可移动的拉门将房间隔开即可。地板的一部分做成榻榻米空间，且做成隔断式，这样，即使有突然留宿的客人，也能快速准备好客房。客人还可以和主人一起吃早餐，度过快乐时光。

如果留宿的客人上了年纪，那么客房就要设置在离客厅稍微远一点儿的地方。为了让客人方便使用洗手间，要将洗手间设置在客房附近。但是，如果家人常在深夜沐浴，也要考虑到洗澡时的声音。这时就要将客房与洗手间分开，让客人能够放松。如果是常有客人留宿，可以单独设置一个淋浴房，打造酒店式客房。早上梳洗的地方如果在客房附近，会很方便。

高一个台阶的和室用作独立空间

这是与客厅相连的地板高出一个台阶的榻榻米空间。关上拉门便是一个独立空间，可以作为客房使用。竖条纹拉门关上后的设计感非常好。台阶下方还可用于收纳。（佐贺枝宅设计 / Atelier House）

拉门隔开的空间既可以用于娱乐，又可用作客房

在客厅旁边的空间一般情况都是敞开的，作为客厅的一部分来使用。孩子们可以在此自由玩耍。客人来访时，关上拉门作为一个独立空间使用。（宫下宅设计 / Chardonay 福冈）

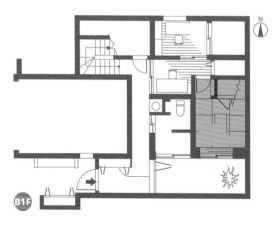

设置一个客人专用的小型淋浴房

这是将和室用作客房的例子。考虑到这个房间今后将用于接待海外来的留学生，因此在客房附近也设置了淋浴房。虽然空间很小，但可以从推窗直接进入中庭。（设计 / 大浦比吕志创作设计研究所）

84　客房设计成使用风格多样的和室

　　经常有客人留宿的家庭会面临如何设计客房的问题。为了打造能令客人放松的住宅，要注意房间的布局。家人的卧室最好放在其他楼层，只能在同一层的话，也要进行隔断，可以分别设置在楼层的两端。

　　有很多家庭会选择将壁橱里放有被褥的和室来做客房。铺上没有边框的榻榻米，在窗边设置木质百叶拉门，照明选用射灯，设计成具有现代化风格的和室。如果是开放的房间，能够经常通风，具有防潮防霉的优点。闲暇时既可以躺在上面，也可以坐在那里看书，是可以享受悠闲乐趣的自由空间。不要只作为客房，而要当做家里的"多功能房间"灵活使用。

在玄关旁设置现代化和室，作为客房

这是位于住宅南边、朝着庭院的房间，它在主卧与玄关的对面。不用担心外面的视线，环境安静，最适合用做客房。现代化风格的和室，与玄关毫无违和感。（设计/Studio Style 工作室）

为父母准备的房间也可以作为兴趣室来使用

为了让房主父母过来居住时感到轻松自在，我们在一楼准备了和室。夫妻与孩子的房间在二楼，这样不会互相打扰。平时，妻子会在里面弹琴，这间房可以作为活动房来使用。（设计/Plan Box 一级建筑师事务所）

专栏

两代人居住的住宅布局要考虑相互之间的价值观

两代人共同居住的住宅，对父母那一代来说，很多人觉得房间小一点也没关系。但东西太多，面积不够用，在空间不够宽敞的情况下，扔掉一些东西还是转变思维？我们常常会需要思考这个问题。

两代人是完全隔开还是共享一部分空间？如果可能，建议完全分隔开。因为父母与孩子的生活习惯存在差别，如果设计公共空间，就会有一方需要妥协。设置一些让大家能够感受到彼此关怀的地方，或者周末一起吃饭等，就能解决两代人的代沟问题了。每个家庭是不一样的，是像朋友一样相处的家庭，还是从思考方式到生活方式都完全不同需要距离感的家庭？为了了解这些，设计师与屋主的交流必不可少。如果能解决这个问题，那么两代人一起生活，也能和谐相处。（建议/Noanoa 空间设计工房）

促进家族成员交流的住宅格局

采光良好的通风口和混凝土制作的土间，可以打造出令人愉快的空间

在这一客厅中，从通风口二楼窗口进来的光和风非常充足。夏天可以用遮阳板挡住强烈的光照。土间风格的房间地板由混凝土做成，具有很好的保温性，冬天也很暖和。（东光宅设计/Built works）

85

把家中最舒适的地方设置成公共空间

在家中，家人聚集的地方一般是哪里呢？如果是热爱美食的家庭，那么在餐厅聚集的情况会比较多。如果是喜欢音乐的家庭，那么会常常聚在客厅的沙发旁一起听音乐。设计住宅格局时，要考虑主人的生活方式，要将家人经常聚在一起的地方设置在家中最舒适的地方，也就是光照好，视野开阔，还能眺望远处的地方。如果是温暖的阳光从窗户照进来，冬天暖和，家人自然而然就会聚集过来，互相交流。如果是通风良好的地方，夏天清爽，家人也会聚集过来。

设计住宅格局时，如果不能确保视野开阔，既可以连接木制露台使空间变得宽敞，也可以打造通风口营造开放感。如果天花板距地面的高度超过 3 m，会感觉房间很高，空间看起来会更大。

86

LDK 采用开放式设计，家人会自然而然地聚在一起

为了便于家人交流，必须要打造出能让家人感受到彼此关心的空间。可以使用这个空间制造家人交流的契机。开放式厨房以及一体化的 LDK 设计完全符合这一要求，可以让家人在开放式的空间里，产生共同度过欢乐时光的感觉。比如，妻子在厨房里做饭或打扫时，可以从厨房看见客厅中丈夫和孩子在看电视，这就有了共同话题，成了交流契机。产生交流的前提是，LDK 必须是大家都能轻松生活的空间。让我们把每个空间都设计得舒适宜居吧。

用大通风口连接一楼和二楼

带有通风口的开放式 LDK，是餐厅、客厅和厨房连为一体的开放空间。由于上层也通过通风口进行了连接，无论在何处都能看到家人。（佐野宅设计 / 明野设计一级建筑师事务所）

将没有隔断的宽敞空间作为家的中心

将兼做玄关的土间和 LDK 连接在一起，这种设计让人感觉身在室外。对孩子来说，家里每一处都是玩耍的空间，家人也能在喜欢的地方自在地生活。（本田宅设计 / SORA 工作室）

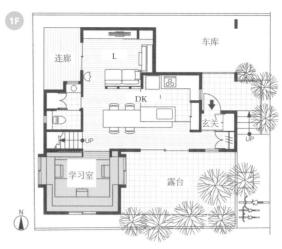

家庭共用的被炉式空间

在客厅内部设置榻榻米式的学习角。三个方向都设有吧台，吧台下方则做成被炉式空间。累的时候，还可以躺下睡觉。安装柜子时，避开了窗户，有利于采光。（设计 /Plan Box 一级建筑师事务所）

从厨房设置一排并列的学习角

这是设置在 LDK 墙面的学习角。定制的书架或书桌与抽屉组合，有效地利用了仅有一个榻榻米大小的空间。因为学习角就在厨房旁边，家长可以一边做家务一边观察孩子的情况。（大隅宅设计 /The Products 建筑设计事务所）

87

在 LDK 中为孩子设置一个学习空间

　　最近，学习空间不再设置在儿童房中，更多的是孩子在客厅或餐厅写作业。这样一来，吃饭时就必须整理桌上的学习用品。如果能在客厅和餐厅设置一个学习空间，那么即便是学习中途要用餐，也不用收拾桌子，家长和孩子都会轻松许多。

　　具体方法是，在客厅和餐厅旁边安装一个小型吧台，当做学习台。如果再放上一台家人公用的电脑，就增加了家人聚在一起的时间，彼此的交流也会变多。也可以将学习台设计在厨房旁边，父母就可以一边做饭一边看孩子做作业了。这个学习台还可以用来放置书本和文件。我们推荐大家在 LDK 的一角隔出一个榻榻米空间，作为孩子学习的地方，客人留宿时也可作为临时客房使用。

表达母亲心情的 LDK 角落设计方案

这是一进玄关就能看见开放式 LDK 的住宅。学习角设计在角落里。虽说是设计在 LDK 中，但其实是在楼梯的一侧，为了从 LD 看不到杂乱的书桌，设置了齐腰高的隔断进行遮挡。（东光宅设计 /Built works）

88 用通风口连接 LDK 和儿童房，声音可以贯穿上下楼梯

在设置独立的儿童房时，注意要让在其他房间活动的家长能时刻关注到孩子的动静。如果将客厅、餐厅、儿童房设置在同一楼层，就可以关注到孩子的情况了。

如果不能安排在同一层楼，则推荐大家将儿童房设置在客厅与餐厅的正上方，与上下楼梯的通风口相连。在楼下活动的家人也能通过通风口观察到楼上孩子们的情况。比如，在儿童房朝着连接楼梯下方客厅和餐厅的通风口方向开一扇小窗，或者把儿童房设计成就像跃层一样的开放式空间。最理想的距离是，楼下的人只要朝着儿童房的方向喊一声，声音就能很快传到儿童房。如果考虑到孩子长大后需要独立的房间，提前准备可以设置隔断的位置，将来重新装修即可。

充满童趣的小窗

儿童房设置在一楼客厅和餐厅的正上方。朝着通风口方向开一扇窗，方便交流。通往二楼的楼梯设置在客厅内，即使是在厨房内做家务，也能观察到孩子们的情况。（富田宅设计 / Chardonay 福冈）

与通风口相连的开放式儿童房

与一楼LDK相连的通风口的对面是二楼儿童房。这里是没有隔断墙的开放式空间，家人交流很方便。将外壁的一部分做成玻璃隔断墙，这样就能确保隐私。（设计 /Noanoa 空间设计工房）

客厅前设置露台能快速了解玄关情况

设置在客厅推窗前的木制露台可以兼做入户通道。因为客人和访客都需要通过这个通道进入玄关，所以主人在客厅也能迅速了解玄关情况。从客厅出入露台也很方便。

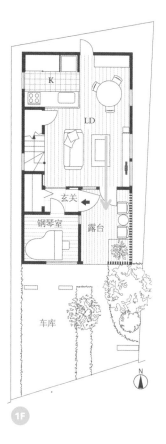

1F

89

坐在客厅便可感知玄关处情况的住宅格局

在客厅距离玄关有一定距离的住宅中，无法从客厅看到孩子回家走进玄关的情况。有时候孩子回家后便直接回到了自己的房间。如果是在客厅也能感觉到玄关动静，那么无论何时都能了解孩子的情况。比如，客厅在二楼，那么可以把楼梯设置在玄关附近，或者把楼梯做成直达客厅的构造，这样就能了解玄关的情况了。如果把楼梯附近区域做成开放式空间，也方便关注玄关的情况。客厅如果在一楼，为了从客厅看见玄关的情况，只要在玄关以及门口通道的设计上下功夫即可。这种情况下，为了让客厅在玄关处看来不会一览无余，就必须在植物选择上动脑筋。如果住宅面积狭小，可以省去走廊，直接将客厅与玄关连接在一起。

与 LDK 一体化的大型玄关

不单独设置玄关，而是将其作为 LDK 的一部分，这一设计方案适合面积狭小的住宅。大门前的露台还能作为入户通道。厨房正面就是玄关，因此做饭时也能对进门的家人说声"欢迎回家"。（加藤宅设计 / 设计工作室 /Arch-Planning Atelier）

N 1F

90

建在客厅内部的楼梯可以增加家人见面次数

如果儿童房与 LDK 不在同一层，建议大家把楼梯安装在客厅内部。孩子从外面回来的时候，一定会通过客厅回到自己的房间，母亲与孩子能够经常见面，家人之间的交流也会更加顺畅。孩子的朋友来玩也需要经过客厅，因此可以看见他们的状况，让人安心。如果设计出站在厨房便能一眼看见整个房子的格局，那么做家务时也能看见孩子，并迎上去说声"欢迎回家"。楼梯下方的台阶还可以作为长凳使用，孩子回家后可以坐下来和母亲聊天。客厅内的楼梯除了可以用作亲子交流的场所，还能起到装饰的作用。可以做成镂空楼梯，或是把侧面做成收纳空间。

在白色的旋转楼梯上顺畅地沟通交流

LDK 内的楼梯采用时髦的设计，点缀通风口的空间。从玄关一走进 LDK，映入眼帘的是厨房，方便家人互相寒暄。（赤见宅设计 /unit-H 中村高淑建筑设计事务所）

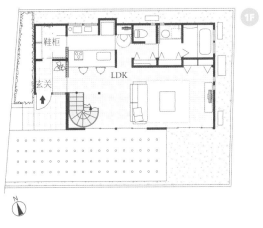

在餐厅通风口位置设置时尚楼梯

这是设置厨房视线范围内的开放式的不锈钢楼梯。它连接了二楼的独立房间，是家人沟通的桥梁。扶手加了木质的栏杆，融入自然风格的室内设计中。（山田宅设计 / Studio Style 工作室）

让孩子们愉快玩耍的住宅格局

91

缩小儿童房，只留下睡觉的空间即可

很多家庭都需要一个独立的儿童房。这种情况下，就会容易以孩子为中心来设计房子，但实际上孩子需要一个独立房间的时期非常短暂。如果是计划长期居住，那么，并不是要打造"让孩子舒心的家"，而是要以"全家人都舒心"为目标。

设计儿童房时，应该明确"儿童房＝孩子睡觉的地方"，不要过多考虑没必要的东西。作业可以在客厅和餐厅做，玩耍可以在客厅或公共空间，把这些活动放在儿童房以外的地方，儿童房内就只要保证床和收纳空间，就足够了。如果是有两个孩子的家庭，可以准备一个公共空间，随着孩子的成长再考虑增加隔断，使之成为单独房间。孩子自立门户之后，可以改造儿童房，做成兴趣活动室。

隔出三个房间，分别作为父母与孩子的卧室

在儿童房安装三扇门，虽然现在只是作为公共空间来使用，但是将来可以隔成三个房间，中间是父母的房间，两边是孩子的房间。房间前面的空间是大家共用的空间。
（德永宅设计／宫地亘设计事务所）

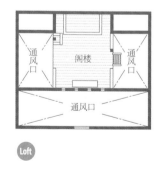

92

把儿童房和客厅安排在同一层

　　把儿童房和客厅安排在同一层也是个不错的选择。客厅在二楼，卧室与儿童房在一楼的方案中，孩子会从玄关直接走进儿童房，难以营造亲子交流的氛围。如果设计了从玄关通过客厅才能回到儿童房的动线，父母就能随时掌握孩子的情况，亲子交流会更顺畅。此外，建议大家在LDK之间用推拉门隔断，做成完全开放的样式。白天敞开拉门，客厅与儿童房连为一体，孩子玩耍的空间就更大了。难以设置单独房间的情况下，可以在家人聚集的LDK中加上一个小角落，作为孩子玩耍的地方。这样，一家人就可以一起在客厅里各自做自己喜欢的事情了。

与LDK相连的开放式儿童房

DK旁边的空间灵活，可以用作儿童房。大人在厨房也可以关注孩子们的状况，因为距离很近，和孩子交流起来也很方便。隔断采用拉门的形式，敞开时能体会到一体感。（设计/Freedom建筑设计事务所）

通过中庭打造一定的距离感，确保隐私

这是站在厨房，可以隔着中庭看见儿童房的设计方案。这是一个开放式的设计，可以随时关注家人的情况，让人住得安心。儿童房旁边可以设置共用区域。（尾崎宅设计/谷田建筑设计事务所）

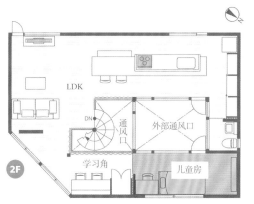

1F

客人来访时，孩子也可以玩耍的空间

LD 旁仅有 1 畳大小的房间可以用作玩耍空间。因为与客厅内部稍有距离，所以有客人来访时也可以把玩具铺在上面。墙壁涂成天蓝色，还安装了开放式的书架。（林田宅设计 /Komu House）

93

准备好客人来访时大人与孩子各自的空间

　　访客有时会带孩子来做客，如果有大人与孩子各自的空间，就不会相互影响了。比如，在客厅的延伸空间设置一个榻榻米角落，做成孩子玩耍的空间。大人就可以悠闲地在餐厅喝茶聊天了。建议大家在客厅旁搭一个能自由出入的露台。这样，孩子在露台上玩耍时，家长就能在屋内轻松聊天了。难以设置玩耍空间的狭小住宅中，只要扩大玄关大厅和楼梯周围的空间，就能做出玩耍空间了。如果楼梯放置在客厅内，那么楼梯也可以成为一个玩耍的地方。比如，用特殊的涂料把墙壁变成黑板墙，这样，孩子可以涂画。试着思考一下能让孩子自由玩耍的方案吧。

2F

区分大人和孩子各自独立空间的 L 形露台

这是呈 L 形环绕客厅的露台。两个方向都有出入口，可以来回走动。大人在其中一侧喝茶，孩子在另一侧玩耍，分成两个区域。（设计 /Dining plus 建筑设计事务所）

2F

可以作为玩耍空间灵活使用的榻榻米角落

在 LDK 旁边，设计一个可以随便躺卧的榻榻米空间。没有隔断，形成一个开放式的区域。安装在侧面齐腰高的书架可以遮挡来自客厅的视线。（石迟宅设计 /unit-H 中村高淑建筑设计事务所）

94

设计可以作为玩耍空间的露台和阳台

对于孩子年龄小的家庭，只需要在家里设计玩耍的地方即可。即便没有庭院，也可以通过设计露台或阳台来作为玩耍空间。比如，在客厅外搭一个露台，将其设计成可以自由出入的空间。扩大露台入口，用拉门将其做成开放式空间，提高室外与室内的连接性，客厅与露台连接为一体的空间，扩大玩耍空间。为了让孩子在室内、室外玩耍时不会摔跤，统一客厅与露台地板的高度。还有一种方法是，扩大玄关周围露台或是土间的面积。除了能成为孩子玩耍的场地，宽敞的玄关也能让家人回家时感到放松。土间的装修材料要考究一些，试着营造能够轻松出入的空间。

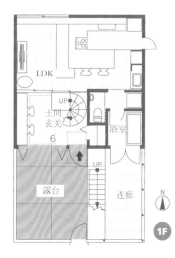

连接土间和露台，扩大玩耍空间

兼做玄关的土间和与之相连的露台都是孩子玩耍的绝佳场所。玄关处安装了4个开放式拉门，全部打开时，室内与室外自然连接，可以感受到开放感。由于房子位于住宅密集区，可以用围墙围起来增加安心感。（永田宅设计/SORA工作室）

室内＋中庭，整个楼层都是玩耍空间

这是将中庭建成"コ"字形的设计方案。动线是"儿童房→露台→客厅"。中庭建造露台，并且与室内地板保持同样高度，玩耍空间就扩大了。（设计/MONO设计工作室）

从厨房可以看见露台，家长更放心

在厨房也可以看到从餐厅出入的露台，这里可以成为孩子安心玩耍的地方。四周建造了高围墙，因此不用担心来自邻居的视线，可以愉快地玩耍。因为露台离餐厅和厨房很近，还可以在这里烧烤。（设计/Plan Box一级建筑师事务所）

95 根据玩耍方式设计洗手间

对于孩子喜欢在外面嬉戏的家庭来说，为了增添玩耍的乐趣，要在饮水间的设计上下功夫。女主人每天做家务也会变得更轻松，可以说一石二鸟。如果孩子总是玩成"小泥人儿"，可以在玄关附近设置洗面台。做一个衣帽间，在里面装上洗面台，这样在进门前就可以洗手。如果在玄关大厅或走廊等地设置室内洗面台，可以安装在回房间的必经之路上，这样可以让孩子养成洗手的习惯。不仅可以缩短从玄关到洗手间的路线，也可以把放置洗衣机的洗手间设计成从外面能够直接进出的格局，这样回家后就能沐浴，洗脏衣服，也不用担心会弄脏玄关了，因此打扫也会轻松很多。建议在露台或阳台上设置简单的洗面台。可以用来洗手或者洗脏东西，夏天在泳池玩耍时也能派上用场。

可以从庭院自由出入的洗手间

占满整面墙的推拉窗把洗手间和庭院连接在一起。孩子在院子里玩儿，变成"小泥人"时，可以直接进入洗手间沐浴。因为设有露台，进出也很方便。（石泽宅设计 /unit-H 中村高淑建筑设计事务所）

与浴室相邻，弄脏衣服也不怕的露台

这是作为玩耍空间使用的二楼露台，由木板制成的，非常结实。夏天可以在这里玩水，或是用望远镜遥望星空。里面的门直接通往浴室，即使弄脏身子也可以立刻洗干净。（设计 /Plan Box 一级建筑师事务所）

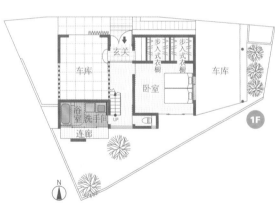

专栏

为了和宠物一起玩耍，要重新考虑和动物的相处方式

为了和宠物一起玩耍，要从两个方向的视线来设计住宅。一个是"人类的视线"，宠物无法进入的厨房等地，是人类独占的空间。另一个是"动物的视线"，特别是养狗的家庭，无论是在厨房还是其他地方，狗狗都想和主人在一起。地毯比地板更容易束缚狗的活动。此外，能让自己藏起来的角落更让宠物安心。为了统一这两个视线，屋主要告诉设计师，自己想以何种方式和宠物相处。虽然要优先考虑人的舒适感，但宠物的幸福感也要考虑进去。客人中也可能会有害怕动物的人，因此不要忘了做隔断，或者准备笼子，用来暂时安置宠物。

能够享受用餐乐趣
的住宅格局

96

天窗让厨房保持明亮

以前的厨房大多设置在朝北的昏暗房间里。最近，喜欢料理的丈夫周末或是站在厨房炒菜，或是和孩子一起做点心，休息日开家庭聚会和朋友一起做饭等情况增加，厨房也越来越受重视了。这种情况下，厨房的设计方案不仅要考虑功能，还必须考虑人的心情，尽量做明亮的、开放性强的厨房。

光照良好的地方要优先设置客厅或餐厅，因此厨房大多设置在北面。这时，如果设置一扇天窗，就可以获得充足的阳光，厨房就变成明亮的地方了。天窗如果做成开关式，还能通风换气。如果不开天窗，可以在水池两端各开一个很小的窗户，这样可以透进些许阳光，打开窗户还能通风。

用能够采光和通风的天窗打造舒适的厨房

休息日可以和孩子一起制作点心的明亮厨房。房子北侧就是邻居家，因此为了避免在墙壁上开窗户，采用了天窗的设计。炸东西的时候记得打开窗户排出油烟。（设计 /FISH+ARCHITECTS 一级建筑师事务所）

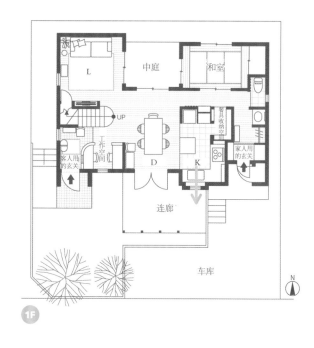

水池前的窗户既能采光又能眺望风景

水池前上下开关的窗户实现了主人一边做饭一边看风景的愿望。眼前变得亮堂起来了，手头的工作也就顺畅多了。可以一边享受充足的光照和微风一边做家务，还能照顾在院子里玩耍的孩子。

97

站在厨房时，视线能看向远方

　　每天我们都要在厨房待一段时间，因此希望能够打造出即使长时间待着也不会觉得辛苦的空间。如果长期处于封闭环境内，心情很容易低落，因此可以把厨房设计成能够看到露台等外部空间的地方。让人感受到"通透"感。做饭时，一抬头庭院里的花草树木就映入眼帘，仅仅如此就能让人长舒一口气。就算厨房旁边的墙上没有窗户，也可以在餐厅开一扇大窗户，可以从吧台越过餐厅往外看从而开拓视线。想象不出来的话，就站在现在的厨房内，试着找找从哪里"穿透"过去比较好。如果水池前有窗户，可能会觉得一边洗东西一边看风景很棒，要根据自己的喜好来想象让人心情愉快的场景，然后告诉设计师，这样更能做出合意的设计。

能够眺望摆放绿植的露台的开放式厨房

在被吧台包围的厨房内，水池前有摆放绿植的露台。可以一边眺望四季变化的风景一边洗东西。庭院里种着浆果树，还可以每天确认其长势如何。到了夏天大家可以一起摘果子。（设计 /Plan Box 一级建筑师事务所）

"边做边吃"，吃和做的地方距离越近越有效率

在市中心常见的建造在细长狭小土地上的住宅中，为了稍微扩大居住空间，一般会放弃走廊等地方，把DK做成一个房间。看起来有点像以前的小区中墙壁旁就是厨房，边上就是餐桌的布局。由于活动路线较短，上菜或之后收拾起来都很轻松，站在厨房也能看见孩子们吃饭的样子，要递下一盘菜也很方便，是非常高效的设计。房屋很小也不要放弃，还可能发挥出狭小但距离近这一优点。

想起小区住宅中DK的样子，虽然有些拥挤，但只要选择别具风情的地板和材质清爽的墙壁，和厨房吧台相匹配的话，即便紧凑也能打造出让人安心的空间。

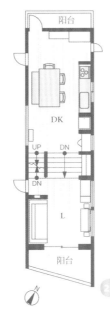

如果把厨房连在墙壁上，还能留出放餐桌的空间

在细长型建筑物中，DK肯定没有宽敞的布局，但如果把厨房挨着墙设计，还是能留出放大餐桌的空间的。地板是实心栎木材质的，看起来非常古旧，反而能营造出季节感。（宫崎宅设计/KURASU工作室）

把DK和客厅之间的楼梯做成长凳式，节省空间

为了刚好放下一直以来都很喜欢的旧桌子，DK和客厅之间做了楼梯，楼梯又设计成长凳式样。因为在厨房后面一转身就是，收拾起来也很方便。（小笠原宅设计/共同设计）

厨房旁边的小空间做成餐厅

餐厅放在厨房旁约3叠的空间上。角落里是成套的桌椅，可以安心坐下来吃饭。因为离厨房近，上菜什么的也很轻松。（今井宅设计/Beads Supply）

99 如果要同时做多项家务，那么可以设计成洄游动线

如果家里经常开派对，家人朋友一起站在厨房里的时间很多，就需要适当宽敞的地方了。做饭的时候一般一个人用烤箱、一个人在吧台切菜、一个人在水池洗碗这样分别干不同的活的情况比较多，且都需要在同一个地方进行，因此如果过于宽敞了，用起来反而不顺手。如果，料理台和对面的吧台做成面对面的话，中间只要有 80~85cm 的宽度就能站下好几个人，转身还能打开身后吧台的柜门取东西。如果比这再宽一些，就要多迈一步，效率更低。比起纠结于把厨房设计得多宽，不如做成重视活动路线的洄游型厨房。厨房位置的两端都是开放式的，两边都能出去，要去别的地方也很方便，由于通风良好，也不用担心湿气或味道的问题。

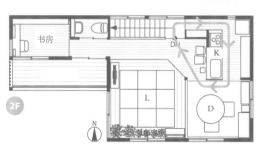

可以直接移动到楼梯边的"内部路线"

省略掉不必要设备的简单厨房。因为是全开放式的构造，通过冰墙旁边的窗户就能到达楼梯边，可以作为临时放东西的后院来使用。客人来访的时候移动也很方便。（小川宅设计 / 田中娜美工作室）

岛式风格的 I 型厨房也具备洄游性

可以绕着厨房中心转圈的布局。I 型的厨房内设有贴着印花瓷砖的吧台，岛式风格十足。站在这里可以看见玄关大厅、LD、和室等所有地方，移动起来也很轻松。（井上宅设计 / 光与风设计室）

孩子和大人之间互相看得见的开放式厨房

　　设置在客厅餐厅连接处的开放式厨房，其魅力在于开放感上。因为没有墙壁或支柱的格挡，即使站好几个人也不会觉得拥挤，并且无论站在房间的哪个角落都能轻松对话，也可以作为交流的空间来活用。特别是有年幼孩子的家庭，因为没有障碍物，可以一边照顾在客厅玩耍的孩子一边做饭，反过来孩子也能感受到大人就在身边，更加安心。

　　此外，看见父母做饭的样子，孩子自然也会想来帮忙。无论是封闭式厨房还是开放式厨房的家庭，我们都常常听到"想和孩子一起待在厨房"的要求。开放式厨房还有"食育"的作用，非常有趣。也有人会担心做饭时的味道或声音会传到 LD，但只要在布局或换气系统上下功夫就能有效抑制这一点，不要轻易放弃。

餐厅和厨房一体化，家人更容易集中在一起

和餐厅一体化，被吧台包围的开放式厨房的设计能让家人更容易聚在一起。亮堂的厨房对于孩子们来说也是极好的玩耍空间，常常在附近晃荡的话，自然而然就会高高兴兴地去帮忙。（设计 /Plan Box 一级建筑师事务所）

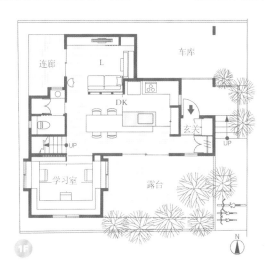

开放式格局的洄游性很高，活动方便

一边在厨房干活一边能照顾孩子的开放式布局，活动率很高，吧台的内部防油定制餐桌，上菜或收拾都很方便。（产品 /Chardonay 福井）

孩子们可以自由活动的空间

站在岛式水池旁边，客厅、餐厅、正对窗户的庭院，或者在做家庭作业的四个孩子从吧台都一览无余。包括厨房区域在内，孩子们会自己找到喜欢的地方来玩耍。（设计 / 田中娜美工作室）

101

加宽料理吧台让使用方式变得更加丰富

不要明确分开做饭和吃饭的地方，每个人都有各自的生活方式，希望大家的生活都是多姿多彩的。比如说把厨房料理台做得更宽一些也是一种尝试，做饭的时候能够摆放更多的食材及工具，这对于喜欢做饭的人来说很重要。料理台作为桌子的功能也很重要。匆忙的早饭，晚上回家时丈夫喝两杯小酒，白天妻子做午饭，这些事情都离不开桌子。对于喜欢方便的料理台而不使用餐桌吃饭的家庭来说，只要加宽厨房台面就能增加使用方式，让生活焕然一新。

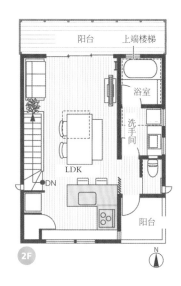

对面式厨房的台面板延伸至客厅或餐桌

这间房子的房主希望自家厨房像自己喜欢的咖啡店吧台一样。将对面式厨房的料理台延伸至客厅或餐桌，可以像使用吧台一样使用厨房。晚上男主人回家很晚，所以女主人经常在这里准备饭菜等待房主回家。（本山宅设计／共同设计）

配备了榻榻米凳的大型开放式厨房

充分发挥餐桌作用的开放式厨房，彩使用起来也非常方便。大人用椅子，孩子们则可以使用坐在面向餐桌的舒服的榻榻米凳上。（永田宅设计／SORA 工作室）

102

按照自己的感觉来设计厨房的家具

考虑要建造怎么样的厨房时，需要优先考虑做饭是否顺手，整理是否方便，清洁是否简单。虽然这些都很重要，但是太过注重实用性也会缺少一些乐趣。难得从零开始建造，就要发挥"这才是我的家"这一理念。

从另一个角度考虑厨房的设计也很重要。比如说选用的家具是否会影响自己理想中厨房的观感。加入自己喜欢的材质、颜色，再考虑自己现有的家具是否可以使用。这样建造出来的厨房就会有这间房子特有的魅力，能够作为一个充满乐趣和舒适的空间使用。这一点在使用成套厨房设备是也是一样的，选购每一个厨房家具时，选择的方向都会有变化。

厨房中餐柜和餐桌选用相同材质

厨房中使用的长柜台和其他家具使用同一种材料，融入整个房间。材料使用桦木，并涂上漆。这就是一边眺望厨房外边缘一边两人一起做饭也不会拥挤的洄游开放式设计。（设计 /A seed 建筑设计事务所）

取消壁橱，让空间不再狭小

这是顶上带有阁楼的客厅和开放式的厨房。撤掉开放的对面式厨房中的壁橱，让空间不再狭小，看上去更加大。配合自己的喜好可以在台面下安装木制的橱柜，统一室内的装修风格。（设计 /Unit-H 中村高淑建筑设计事务所）

103

空间狭小的房子更需要定制

　　厂家提供的厨房配套设施注重使用方便和强度，以及维护的方便性。虽然很省心但却只有省心这一优点。可能并不适合每一个房子，在选择时需要慎重考虑。

　　在狭小的住宅空间中，厨房配套设施常常会出现尺寸不合或没有房主喜欢的类型之类的状况，只能定制。可以根据现有的餐具、厨具，设计出正好能收纳的柜子，或是根据女主人的做饭方式设计合适的水槽及炉灶等，这就是厨具定制的魅力。也许会有人觉得"定制不是很贵吗"，如果只做一些简单料理，比起高端设备来说，普通厨房配套设施反而更加便宜。这里就需要大家灵活应对了。

为了节省空间 将柜台和餐桌设计成一体式

由于房间较小，所以为了能让厨房有更多的空间选择了定制厨具。将做饭用的料理台与吃饭用的桌子合为一体。桌子使用水曲柳的集成材料，增加温馨感。食品储藏室放在了楼梯底下。（太田宅设计／濑野和宏＋设计工作室）

想象厨房的画面

灵活运用地面的形状，将料理台放在细长空间的中心，使得活动路线可以形成洄游，厨房的柜门使用的是纹路美观的橡树木，吧台则采用白色人工大理石，吧台下安装了能够放下很多餐具的深型抽屉，使用起来更加方便。

餐桌附近的窗户使得分离的餐桌更加丰富

　　很多房主喜欢家里明亮开阔，因此希望在更多的地方开设窗户。但是对设计师而言，并不希望开设没有意义的窗户。这样既浪费了金钱，而且开了窗户后家具的位置就减少了。设计师需要周全考虑，控制好窗户数量再决定在哪里开窗户。可以开窗户的一个点就是餐桌的窗户，比如后面就是公园，或者开窗后能看到邻家庭院里的大树等，符合这种情况时，可以在餐桌附近开一个能够完全看到这一风景的窗户。这样就可以在吃饭的时候像欣赏画作一样眺望风景。最近小孩儿做作业，朋友来家里喝茶这些事，大多是比起客厅更喜欢在餐桌上进行。只要在餐桌上开一个窗户，就能缓和心情，使交谈更顺畅，甚至让菜肴更加可口。仅仅只开一个窗户就能得到这些好处，让人实在无法拒绝。

天蓝色墙壁与外面的风景一起营造出舒适的氛围

透过天蓝色墙壁上的窗户能看到外面绿色的树木，站在厨房正面就能看到的这一风景，深受女主人喜爱。窗前放置餐桌还能使人在吃饭的时候感受这种舒适的氛围。（中村宅设计 /Euro J Space）

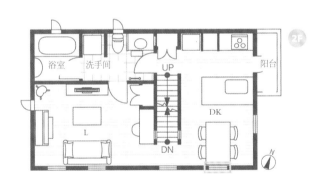

在狭小空间也能让人感觉空间广阔的大窗

设计师实现了通过窗户能感受到邻家的绿色风景这一方案。壁橱配合窗户突出了横向的线条。多亏了窗户让餐桌得到了恰到好处的透光性，让人感到空间很大。（秋山宅设计 /FISH+ARCHITECTS 一级建筑师事务所）

105

将客厅隔开就能够建造出一个能安心使用的餐桌

　　把客厅厨房都集中在同一层的同一块地方就可以削减不必要的墙壁和门所带来的费用，并且走廊也不会占用很大的空间，能够提高空间利用率。如果是有小孩的家庭，那么不管在哪里都能看到小孩的状态才会让人安心。但是反过来说，也会因为一眼就能看完整个房间，缺少安心感，隔声性也几乎没有，所以部分人可能会无法放松。

　　为了让在吃饭的人和客厅的人能够有安心感，需要把客厅及厨房隔开。利用厨房和客厅的段落差隔离，在 L 户型将客厅和厨房分别放置在两头等方法，能够与家里人能够保持的距离感，在客厅就不会听到来自厨房的吵闹声，推荐需要同时在家办公以及来客很多的家庭。

从客厅往上走 5 阶楼梯的位置设置厨房

从客厅往上走 5 阶楼梯的位置放置厨房。由于和天花板一样高，且柱子分离，所以空间上有一体感，但是能使用的人感觉到这是两个独立的房间。（横田宅设计 /FISH+ARCHITECTS 一级建筑师事务所）

将工作室设置在间隔处

在二楼有一个既没有墙壁也没有门的间隔处。在厨房和客厅中间用桌子搭建了一个工作室，这个工作室能够感受到周围的气息，但又能够与周围保持一定的距离。（青柳宅设计 / 明野设计一级建筑师事务所）

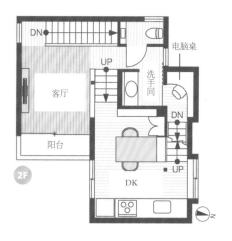

将餐桌设置在中心，客厅设置在里面

在房子中间位置设置餐桌，厨房也一同设置在光线充足的南面，而夜晚使用较多的客厅则特意放置在更深位置的北面，将吃饭和放松的地方分隔开，让生活思路更加清晰。（设计 /Plan Box 一级建筑师事务所）

屋顶和阳台是聚餐的好地方

天气好时，人们喜欢到外面吃饭或者在一个宽阔的阳台上吃饭。但是在住宅密集的地方需要注意不能影响到邻居，路上行人的视线也很让人在意。这种时候就需要透气性强的百叶窗或者不透明的屏障。这些能够在保障开放感的同时又不泄露隐私。

屋顶是一个非常舒服的空间，如果地理位置比周围其他房子高的话，便不需要顾虑烟雾，能够进行烧烤。就算三面被包围的房子也可以非常安心。如果要在这种厨房的室外空间吃饭的话，可以放置一个小型炉灶，并排好水管。如果能在室外直接清洗，就不需要去厨房，很方便。这并不是一个很复杂的工程，所以希望大家都试试看。

在夏天可以游泳以及烧烤的屋顶

除了东面的三面都有住宅的房子，房主希望在二楼设置楼梯通往屋顶。安装水道，夏天能让孩子们在游泳池玩，在屋顶也能享受烧烤。（设计 /FISH+ARCHITECTS 一级建筑师事务所）

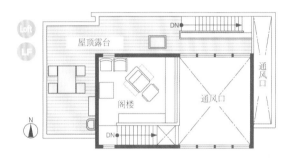

面对厨房的屋顶阳台，不管是上菜还是整理都很方便

从厨房对面的窗可以进出的屋顶阳台，虽然两面都被墙壁围住，但是另一面是庭院所以没有封闭感。上菜和整理都很方便。可以很轻松地"外出吃饭"。（萩原宅设计 / 萩原健治建筑研究所）

将落地窗全开就能让室内和室外连成一体

把 L 形阳台嵌在客厅和厨房的中间，让室内和室外的连接更加自然。不管待在哪里心情都会非常舒畅。房主太太心里一直挂念的烧烤，也能在家里享受了。（横山宅设计 /Dining plus 建筑设计事务所）

多功能房间是家务效率提升的关键

作为厨房的从属设施，食品仓库或者多功能房间对于开放式厨房来说都很有帮助。开放式厨房如果一下子放了很多存粮或者碗筷及厨房用品，就会看上去很乱很显眼，所以有一个储物间就变得非常重要，储物间的位置最好是餐桌的死角。如果没有独立的食物收纳间，最好就在厨房设置更多的储物空间，准备好能够收纳更多东西的抽屉，以便应对将来突然有很多东西，却没有地方能保存的尴尬局面。

厨房的空间需要预留一个能够找找菜单，缝衣物，熨烫的多功能房间，同时也是家庭主妇喝喝茶，休息的空间。至少能提升哪怕非常少的家务效率，也能够让人养足精神，请务必考虑设置这样一个空间。

道路式储物间，人和风都能穿过

从厨房到玄关的路线上的储物间没有门。和封闭式不一样，通风性很好，人拿着东西也可以轻松进出，左右的墙壁上安装了很多架子，充分利用了空间收纳能力。（设计 /Plan Box 一级建筑师事务所）

可以一边做饭一边写东西、缝衣物等的设计

房主太太希望得到的一个多功能房间。在厨房的里面，做饭时可以兼顾其他工作，也可以从玄关绕过餐桌直接进出。搬运买回来的东西或者扔垃圾的时候也非常方便。（片冈宅设计 /MONO 设计工作室）

从屋顶能照进来阳光的多功能房间

位于厨房里面的多功能房间是一个能从顶上招进来阳光的明亮空间。由于只需要桌子和书架所以就 DIY 手工建造了。除了能在这里做家务，还可以织毛衣等。

如果厨房在二楼，那么设置一个小阳台

如果厨房在二楼，就需要考虑垃圾存放空间。如果是一楼，因为离外面很近，可以随便找一个地方放着，放在外面的车库也可以。但是如果放在二楼，扔垃圾的时候会很麻烦。这时便需要一个小阳台。如果厨房旁边有个小阳台，不光可以存放垃圾，还可以放买来的蔬菜，晾干抹布等。做饭的时候打开窗，还可以避免气味和过热的气温。阳台也可以安装纱窗。由于不需要考虑采光，所以一半小阳台都会建造在阳光照射不到的北面或者东北面。空间也不需要很大，由于要放置垃圾桶，所以隐私方面需要注意一下。

延长客厅的阳台，作为小阳台使用

客厅旁边的阳台呈 L 形，将转过来那一段作为小阳台使用。在厨房一侧也安装上了门。夏天可以打开门，关上纱窗，使得生活更加舒适。

为防止隐私泄露，使用百叶窗遮挡

楼梯间和厨房，两边都可以出入小阳台。扔垃圾和晒衣物的时候可以使用阳台，虽然很小，但却很实用。由于阳台面向马路，所以为了隐私，在外面安装了百叶窗。（冈部宅设计 / 濑野和宏＋设计工作室）

专栏

可以作为兴趣室的车库

109

建造室内车库，灵活应用为兴趣室

在设计阶段，有人希望有一个书斋或者兴趣室，却因为面积不够而被迫放弃。特别是为了满足兴趣，摆放工具需要占用很大空间，因此设置房间也会变得很困难。这样的情况，推荐灵活使用室内车库。如果能在墙面上创造出收纳空间，无论何时都可以顺手拿到工具。对于擅长 DIY 的人来说，室内车库也是一个很好的操作空间。可以不用在意涂料飞溅和木屑乱飞，随心所欲地大展身手。

室内车库对于喜爱室外活动的人而言也十分合适。可以为那些占地方且自己感兴趣的道具提供收纳场所，还可以作为维修的空间灵活使用。如果能够提前做好计划，配置好操作台、洗面台、插座的话，使用起来会更加顺手。如果装上空调，舒适度也会提高，即使长时间操作也不会痛苦。

车库可以作为兴趣室使用

为了存放丈夫的两台爱车以及摩托车，将 1 楼的大部分面积作为室内车库保留下来。为了能够清洗车和 DIY，车库配备了洗面台。也可作为享受兴趣的空间而灵活应用。（设计 /unit-H 中村高淑建筑设计事务所）

内部车库

玄关

工作室

1F

N

110

为喜欢 DIY 的人设立兴趣室

　　对于喜欢 DIY 的人来说，拥有一个独立的兴趣室是他们的梦想。在制作塑料模型和小布玩意儿等的时候，因为材料和道具的种类很多，如果设置了专用空间的话，在制作过程中就可以将东西提前摆放出来。如果设立一个独立的兴趣室很困难的话，也可以在 LDK 的一个角落创造一个专用空间。为了随手可以拿到道具，可以设置一个像展览那样开放陈列的架子，只要用心就可以做出一个有趣的角落。通过屏风和收纳可以若无其事地进行遮挡，成为一个可以方便使用的空间 。

　　在制作兴趣室的时候，可以在和家人的共享空间上下功夫，如果能设计出一个既可以传递双方的情感，又能埋头于操作的空间，就可一边享受手工的乐趣，一边与家人沟通。

DIY 工作室也是孩子的学习室

为喜欢 DIY 的夫妻准备了工作室。在一面墙上设计了收纳能力很强的架子，可以收纳容易散乱的材料和 DIY 道具。设置了柜台式书桌，还可以兼作孩子的学习室。（设计 / Atelier House）

为喜欢钓鱼的丈夫准备的兴趣室

这是实现了丈夫爱好的兴趣室。照片中右边排列的是钓鱼竿。为了舒适性，而购买了鸡蛋椅子，坐上去之后，修理道具是丈夫在家时最幸福的时间（五十岚宅设计 / 佐贺·高桥设计室）

111 将廊下和屋内的一角变成家人共享的空间

如果家里某个地方有一个共享的空间，家人自然而然就会聚集在那里，交流也会变多。比较受欢迎的做法是制造一个家人可以共同使用电脑的空间。有很多方案可以考虑，比如，在LD的一角设置一个柜台，或在廊下选取一个广阔的空间设置学习角。也可以灵活运用廊下的墙壁和楼梯。甚至可以将廊下的宽度稍微扩大，拼接成一个小书桌角，可以形成温暖舒适的空间。在一个可以收纳所有家庭成员藏书的"图书馆"内，孩子也可以看父母喜爱的书，以一本书为契机，可以为家人创造更多话题。如果在天花板顶部设置书架，也可以收纳很多书籍。

活用楼梯间的书桌角

扩宽一楼、二楼之间的楼梯平台，设置书桌角。虽然有些紧凑，但是通风很好，是一个开放式的空间。因为位于从LDK通往儿童房的路线中，所以对家人来说可以变成容易聚集的角落。（松本宅设计/FISH+ARCHITECTS一级建筑师事务所）

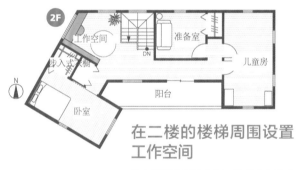

在二楼的楼梯周围设置工作空间

将上楼梯之后的空间，做成家人共享的工作空间。丈夫自不必说，孩子们在这里也可以使用电脑。因为眼前有窗户，也没有闭塞感，可以作为放松休息的空间。（设计/Atelier House）

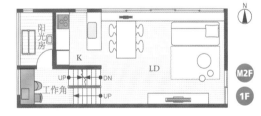

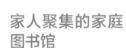

家人聚集的家庭图书馆

为了满足爱读书的妻子的愿望，在餐厅的墙壁上设置书架。高度为从地板到天花板附近，宽度为6.5m。可以尽情享受从中庭透过的光和绿色，孩子们从学校回来后会坐在书架前。（荻原宅设计/荻原健治建筑研究所）

112 喜欢户外活动的家庭可以准备户外用品收纳空间

想和家人一起露营或钓鱼，最好事先设计放置这种户外活动工具的收纳空间。推荐设置在玄关附近。如果离车库的距离较近，拿放也更轻松。如果在收纳位置附近装有水龙头，也方便清洗工具。推荐住在海边，喜欢冲浪的人在外院装一个淋浴莲蓬头。此外，如果能设计成不用经过玄关，从这里就能直接进入洗手间或浴室的路线，之后收拾起来就更方便了。

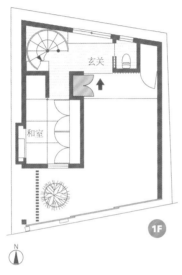

户外用品收纳空间

车库内部可以通往玄关的住宅中，可以在玄关旁设置大容量储藏室。露营用品或休闲用品等都可以一起收纳在这里。下雨天也不会被雨淋湿，可以直接在车库拿放行李。（小林宅设计／艺术与手工艺建筑研究所）

为喜欢大海的家人而设计的"冲浪路线"

这是从海边回来后，在外面的淋浴莲蓬头下冲掉身上的沙子，然后不用经过玄关可以从储藏室直接进入洗手间或浴室的设计方案。流动般的"冲浪路线"可以让之后的收拾工作更顺畅。储藏室可以放下冲浪板和泳衣，边上还有洗衣机。（尾崎宅设计／谷田建筑设计事务所）

C 布局舒适的家

松本一家原来住在同区的 80m² 的公寓中。因为交通方便，建房子的时候也想仍住在这一带，于是，开始了找土地的过程。最后看中的是两个方向都面向道路的 82m² 的地方。"虽然土地面积有限，但还是想要宽敞的家"，接到这一要求，FISH+ARCHITECTS 一级建筑师事务所的中山设计师和盛设计师提出了"地下室 + 地面两层"的设计方案。离路面 1m 的半地下空间带有玄关，每上半个楼梯就是一层的建筑。活动路线呈螺旋状，虽然面积不大却能感觉到开放感。房间分别布置在地下一楼和二楼，家人聚集的 LDK 设计在一楼。为了让视线通透而做的框架式楼梯做成没有隔断的房间，这样，LDK 会显得比实际面积还要大。

为了实现另一个"简约的设计"的要求，天花板和墙壁都做成白色，地板选用与之相配的明亮的蓝色。原来家里的老家具也能毫无违和感地放进来。

顺着跃层楼梯，通过回旋路线获得开放感

1F DK

（上）跃层设计带来的视线通透且具有开放感的 LDK。（下）没有吊柜的开放式厨房。实现了喜欢料理的女主人的梦想。水池前的吧台做得很宽，作为工作台使用也很方便。

案例 3　松本宅｜设计：FISH+ARCHITECTS 一级建筑师事务所

M2F 工作角

（左上、右）活用位于一楼和二楼之间的楼梯空间。在通风口也有窗户，虽然很小却具有开放性。离 LD 和儿童房都很近，家人用起来方便。（左下）书桌右边的门可以通往单间。

1F LD

一楼位于半地下空间的上方，是普通建筑一层半的高度，因此不必在意外面的视线或声音。横长的窗户占满整个 LD 的外墙，营造出空间的深度。窗户下设有带门的收纳柜。吧台部分可以摆放绿植或照片，作为陈列台使用。

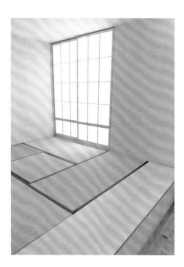

2F 和室

榻榻米下可以作为收纳空间使用。眼前的出入口采用了透明拉门。光线可以透进来。

2F 儿童房

因为是两姐弟的房间，一间房以后要变成两间房。按照这一计划设置了照明和天窗，室内窗户也开了两扇。

墙壁和天花板都是白色，可以反射阳光

B1F 洗手间

（左）洗手间也统一采用白色内装。采用滚筒式洗衣机，洗手间更为宽敞。（右）洗手间的洗面台设计成时尚的方形。吧台可以用于收纳。

B1F 卧室

因为是半地下室，所以地上部分全部设计成高窗，让光线照进来。由于墙面很多，容易设置家具。

120

外观

（上）玄关在道路走向半地下的位置上。门和邮箱也都根据建筑物的风格设计。（下）绿植与白色外墙相映成趣。

2F

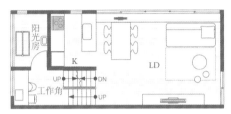

M2F 1F

B1F

B1F 玄关和楼梯

（上）玄关和土间没有高度差，看起来比实际要宽敞。（左下）比地面高半个台阶的地方有能通往车库的推拉门。（右下）玄关附近的储藏室不仅可以用来放鞋，还方便收纳高尔夫用品等。

家庭档案

由公司职员的丈夫恒一，喜欢料理的妻子由子和擅长画画的女儿理央（小学6年级）、喜欢足球的儿子小怜（小学2年级）组成的家庭。

屋主之前觉得三层建筑上下楼一定很费劲，实际住进去后，才发现只要移动半层即可，很方便。一楼的跃层楼梯设置在可以和上下两侧的家人顺畅交流的休息空间内。孩子们也经常坐在这一层和在厨房的妻子说话。内装全部设计成白色，和现有的家具融为一体，打造出了独有的设计风格。

数据

- ●家庭构成 / 夫妻 +2 个孩子
- ●土地面积 /82.65 ㎡
- ●建筑面积 /46.91 ㎡
- ●延伸地板面积 /128.96 ㎡
  B1F 为 37.49 ㎡、1F 为 44.56 ㎡、2F 为 46.91 ㎡
- ●结构、施工方式 / 地下 RC 建筑 + 木质两层建筑（轴组式工法）
- ●工期 /2008 年 3 月—12 月
- ● 设计 /FISH+ARCHITECTS 一级建筑师事务所（中山薰、盛胜宜、中村高淑、三原敦）

C 布局舒适的家

重视家人距离感的设计，既有自由空间，又不觉得孤独

2F 客厅

把客厅设置在二楼南面，这样就能获得明亮的公共空间。西面为了放电视只做了一个简单的搁板。

青柳一家想把住了20年的旧房子重新改造。住宅建在很难照到太阳的旗杆地，因此这次购买了道路附近的土地，计划在确保宽敞和日照的基础上改造。

"对于工作忙碌的夫妇来说，在家里悠闲自在是很重要的。比如，其中一个人在餐厅吃饭的时候，另一个人可以在客厅看电影。因此我们提出了餐厨房和客厅分开，用桥状通道连接的设计方案。空间之间被连接在一起，既有自由空间，又不觉得孤独。通过隔断墙或门窗来消除封闭感，还能降低成本"，明野如是说。青柳宅所在的地区无法削减构造方面的成本。在此基础上，目前先选用便宜的家具，之后再买新的。

案例4 青柳宅│设计：明野设计一级建筑师事务所

122

2F DK

（上）沿着双坡屋顶做成的倾斜天花板可以实现开放感满满的餐厅。天花板最高的地方甚至高达 3.6m。没有吊柜的面对面式厨房和餐厅融为一体，充满魅力。（左）厨房吧台下方做了较浅的收纳，可以放下餐具。

2F 工作室

（右）从餐厅可以看见客厅的地方。在不觉得孤立的同时又能自由地做自己的事情。（下）在餐厅和客厅之间设有通道。桌子前是带有天窗的楼梯间，背后是阳台，因此光线非常充足。

2F 厨房

（右）设计厨房时只保留必要的功能，设备机器也选用简单的东西。吧台下做成开放式，可以放下收纳筐。（左）连着厨房的晾衣服用的阳台。家务路线流畅，且有助于厨房的采光和通风。

私人房间和浴室也非常重视休闲感

1F、2F 楼梯间

（右）由于右边就是公寓，在考虑隐私的基础上开了一个天窗用于采光。（上）走廊也能充满二楼照进来的阳光。左边并排着的推拉门分别是卧室入口、墙面收纳和洗手间入口。走廊突出的地方设计成2畳大小的储藏室。

1F 卧室

位于一楼南面的卧室。道路旁的窗户只采用高边窗，防盗性能良好。枕边设有放置小玩意儿的壁龛。

外观

平坦的正面和双坡屋顶，从玄关延伸出来的三角形屋檐给外观增添了时尚感。

1F 玄关

为了方便快递送货上门，在外廊设置了能够放下箱子的空间。蓝色铁门非常醒目。

1F 洗手间

（上）玻璃环绕的浴室开放感满满。"一开始有些犹豫，但最后这个还是选对了。如果用墙壁隔断的话会觉得拥挤不堪有强烈压迫感"。（右）洗手间设置在有卧室的一楼，削减了设备上的开销。这样二楼的居住空间也就更宽敞了。

数据

- 家庭构成/夫妻
- 土地面积/93.65㎡
- 建筑面积/44.33㎡
- 延伸地板面积/82.77㎡

B1F 为 37.49 ㎡、1F 为 44.56 ㎡、2F 为 46.91 ㎡

- 结构、施工方式/木质两层建筑
- 工期/2008年7月—12月
- 设计/明野设计一级建筑师事务所（明野岳司、美佐子）

家庭档案

说到想要什么，那就是"既不紧密又不分开"的LD。以前的房子的LD在一个房间里，什么都一览无余，没办法安心坐下来。此外，由于一直居住在白天也要开灯的昏暗客厅中，因此希望新家可以非常明亮，有着打扫过后就能让人放松的氛围。由于设计师充分听取了屋主的意见，所以设计初稿几乎没有怎么改动。

通过张弛有度的布局和跃层楼梯打造明亮的房间

虽然是建在市中心住宅密集区面积仅为 36m² 左右的住宅，但仍然能感觉到开放感。产生宽敞感的重点在于大空间和小空间的张弛有度。生活中心区域的 LDK 放在二楼，是不用隔断的大空间。在这里设置了长达 3m 的厨房吧台。根据厨房吧台宽度定制的餐桌也放在旁边，可以把视线一直引向深处，让人感觉到纵深感。宽约 2m 的木制露台设置成和地板一致的高度，将室内外一体化。用围墙把露台围起来也会让人产生"到这儿为止都是室内"的错觉，这是来自大塚设计师的魔法。

楼梯采用不会把空间分隔开来，而是将其柔和地连接在一起并能时刻关注家人的跃层设计。LDK 和半层的和室中间没有墙壁，因此从厨房也能看见孩子玩耍的样子，让人安心。将房子连接起来的框架楼梯上设有天窗，这一设计让阳光能穿透楼梯照进整个房子，带来好心情。

2F 露台

把窗户打开，宽约 2m 的露台就和室内融为一体了。建筑用砖制作而成的通透的围墙在通风的同时也能感觉到附近的动静，没有封闭感。

案例 5　M 宅　设计：NoaNoa 空间工作室

2F 客厅

客厅和楼梯之间的隔墙用玻璃砖制成，可以透过从楼梯上方天窗照进来的阳光。再加上墙壁一面还有通风口，到处都有让柔和的阳光充满室内的设计。

2F DK

（上）男主人也有很多时候站在厨房，因此厨房设计了能和夫人一起工作的岛式吧台。（右）餐桌的延长线笔直看去能强调房间深度。南面半幅墙都做成了不必在意外部视线的半透明玻璃窗。光照奢侈、让人心情愉悦的厨房餐厅就完成了。

2F 洗手间

洗手间设置在DK的内部，用一扇门连接，省略了走廊的空间。打开推拉门时，DK能看见的部分设计美观。

3F 工作室

男主人的工作室的墙壁设计成令人心平气和的苔绿色。为了不必在意外面的视线又能获得充足的光线，而设置了天窗。书桌和置物架都是定制的，不会浪费空间。

房间颜色随着楼梯的上升而变化，可以享受上下楼的乐趣

M2F 和室

虽然是包括壁橱在内约4叠大小的和室，但和楼梯之间的隔断采用玻璃砖和丙烯基材料，和厨房之间的隔断则采用置物架。这是没有封闭感且和厨房的人进行交流的令人愉快的空间。

3F 洗手间和浴室

（右）浴室的天花板是整面天窗。可以一边眺望星空、白云一边沐浴，令人痛快！（左）浴室中的隔断做成了玻璃门，因此浴室照进来的光线也能充分照亮洗手间。右边的墙壁上设有开发式置物架。

3F 楼梯间

（上）从天窗照进来的阳光可以通过框架楼梯照亮整个家。（下）壁橱设计在连接卧室和洗手间的走廊上。这一布局非常适合在洗手间换衣服的生活习惯。

3F 卧室

卧室的墙壁是淡蓝色的。可以感受到从天窗照进来的柔和的阳光。由于是 4.7 叠的紧凑空间，最好不放家具而是利用墙壁的厚度打造有深度的壁橱。

外观

兼做围墙的大门沿用和建筑物一样的建筑用砖。砖里面有钢筋，足够坚硬。入口采用聚碳酸酯材料。

1F 玄关

打开木质玄关门时忍不住表情一变。越过玻璃墙，儿童房色彩鲜艳的墙壁一下映入眼帘。满满的都是让人耳目一新的愉快氛围。

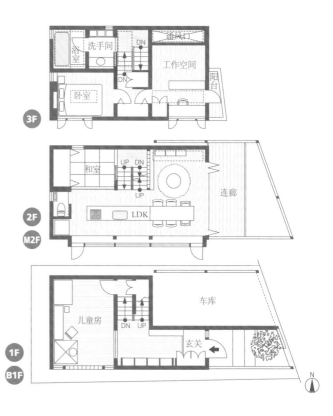

B1F 儿童房

儿童房设有高边窗，玄关大厅一侧的墙壁也用玻璃制成，即便是半地下室也能够获得足够的光线。从玄关可以看得见的墙壁刷成了鲜亮的粉色。

数据

- 家庭构成/夫妻+3个孩子
- 土地面积/71.96㎡
- 建筑面积/35.10㎡
- 延伸地板面积/103.06㎡
  B1F、1F为35.10㎡（包括车库5.88㎡）、2F为35.10㎡、3F为32.86㎡
- 结构、施工方式/B1F、1F为RC建筑、2F、3F为铁质构造
- 工期/2009年9月—2010年3月
- 设计/Noanoa空间工作室（大塚泰子）

家庭档案

经常一起在厨房忙碌的两夫妻和三个孩子组成的家庭。男主人为了设计师与妻子方便交流，而选择了女性设计师。

业主只把原先住宅的问题告诉了设计师，新住宅的设计全权委托给设计师，虽说如此，最后却打造出了令人惊讶的效果。LDK的半透明窗户没有装窗帘，居住起来更舒适。从天窗照进来的阳光能够照亮楼梯，因此从心理上就愿意往上走，三层楼走起来也就不那么费劲。随着居住时间的推移而魅力倍增。

第三章

图解户型设计
的专业术语

监制：FISH+ARCHITECTS
一级建筑师事务所
照片：太田宅设计 /Plan Box
一级建筑师事务所

天棚

屋檐和天花板之间的空间。通常会把天花板挡起来，加上梯子用于收纳等。也被称为阁楼。

通风处

两层以上的建筑物中，上层没有地板的空间。具有开放感，有增加客厅等房间宽敞度的效果。此外，通风处还能传达上下两层的声音方便家人交流。

客厅和餐厅的分解

长时间生活的客厅和餐厅，要根据生活方式来分配空间。如果有很小的孩子还要设置儿童游戏室，有小学阶段以上的孩子的话可以打造公用工作室，这样自然就成了家人能聚在一起度过的舒适空间。

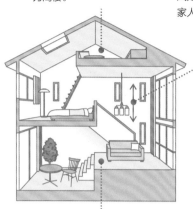

翼壁

与房间某一面墙垂直突出的小墙壁。多设计成隔断用的挡板。也有设置在玄关旁边的突出在建筑物外围的矮墙。

工作室

为了方便工作等简单地用桌子和置物架打造出的空间。放上家庭公用的电脑的案例也不少，这种情况下要事先准备好电脑线用的插座。

榻榻米角落

设置在客厅等房间的角落里铺着榻榻米的空间。方便孩子午睡或者大人做家务。用木板或屏风做成挡板的话还能做成客人来访时的接待室。

跃层

比地板高出半个台阶的立体空间构造。视线可以在平面和立体的各个方向通行，因此看起来比实际要宽敞，还能缩短行走路线，具有有效使用狭窄地基的优点。

游戏室

为了方便孩子玩耍专门设置的空间。设置在从家人聚集的 LD 或厨房能够看到的地方，可以一边做家务一边照看孩子，让人安心的设计。

餐厅

客厅

吊顶

在天花板和墙壁的连接处用细长型棒状材料打造的空间。多使用木材，也有用和天花板材质相配的铝制、塑料制品的情况。

压顶木

墙面腰部位置的横木。此外，楼梯或阳台扶手上用的过渡性横木也被称为压顶木。

腰壁

墙壁下半部分齐腰高的地方贴有木板的部分。除了可以保护墙壁不被划伤或弄脏以外，对室内装潢来说也很有品位。也指用于隔断 DK 的齐腰高的墙壁。

壁龛

房间或走廊等一面墙上凿出来的凹处。旁边放上桌子、沙发、置物架等家具，可以作为书房或书库使用。

装饰框

在窗户或者出入口周围用木头支撑的框架。除了装饰效果以外，还能起到缓冲边角的作用。

横梁

横梁是为了支撑屋檐或上层地板重量而设置的柱状构造。为了让房间看起来更宽敞，不贴着天花板的构造就叫横梁。

户外客厅

用露台或阳台等连接 LD 的设计，可以作为房间的延长线活用室外空间。设计成和室内没有阶梯差的类型的话，更能提高整体感，还有让室内更为开阔的效果。

踢脚线

连接墙壁和地板部分的横板。既可以挡住缝隙，又能防止墙壁破损的设计。

间壁

分隔空间的道具。和墙壁不同，其优点在于能够简单地分隔空间。可以用于兄弟共用的儿童房中的空间划分。

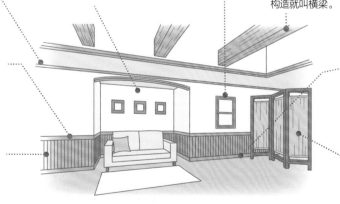

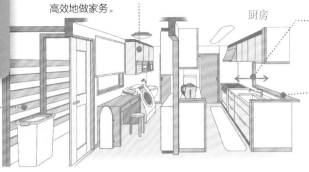

厨房和家务室的分解

每天都要做饭、打扫、洗衣的地方，必须设计高效的活动路线和便于收纳的空间。推荐打造成不仅仅是单纯地用于做家务，而是大家能够一起做饭的地方等，让大家能够愉快地干活。

杂物间

为了做家务而设置的空间，放着洗衣机或洗手台、工作台等。连接厨房或浴室，能让人高效地做家务。

厨房

面对面式厨房

料理台面向 LD 等居室方向设置的厨房。可以一边在厨房做饭一边和 LD 的家人互动，越过吧台传递菜肴或餐具也很方便。

吧台

兼做隔断的细长型工作台。在厨房和餐厅直接设置的吧台叫作厨房吧台。如果扩大餐厅一侧的深度，可以作为简单的轻食空间使用。

后院

设置在厨房或家务室内侧等地方，可以用来放置带泥的蔬菜或用作临时垃圾场。有时也指中庭。

厨房的类型

抽油烟机

为了排出做饭时产生的烟雾和味道，装在煤气灶附近的墙壁或天花板上，由笠状抽气扇（风斗）和排气扇组合而成的设备。新装的机器还具有自动清理过滤器的功能。

水龙头五金

多为冷热水口分开的混合水龙头。一个按钮就能同时控制水温和水量，冷水和热水有分别的出口。还有占着手也能方便使用的按钮式水龙头。

水池

厨房的洗涤池。有不锈钢制品或搪瓷、复合陶瓷制品。还有"1 槽式"（单水槽）和"2 槽式"（双水槽）等种类之分。

餐具收纳空间

设置在厨房旁边用于收纳食材或餐具的地方。也可以把冰箱等大家电放在这里。如果做一个和厨房不同的出入口，就是两个方向都能使用的收纳空间。

壁橱型

LD 和厨房中间用墙壁隔断的独立厨房。就算有些乱，从房间里也看不见。但另一方面也有和家人孤立开，上菜或收拾起来不方便的缺点。

赠送阳台

面积较小的阳台，多设置在二楼的厨房旁边。除了给厨房提供更好的采光或通风，还能作为临时垃圾场和晾衣服的地方使用。

开放型

和 LD 融为一体的厨房类型。具有开放性，让房间开起来更大，同时上菜和收拾也很轻松。由于味道和油烟、声音等会传到 LD 里，必须在换气和收纳上下功夫。

IH 电磁炉

IH 是 Induction Heating 的简称，是通过电磁感应加热的。用感应电流产生的焦耳热作为热源使锅体自身发热，减少热量传递损失，加热效果更好。加上没有明火安全性高，表面平坦易于清洁等，非常受欢迎。

灶

煮饭炒菜用的加热料理机器。根据热源又分为煤气灶和电灶。在天花板上开 2~3 个送气口的灶叫作煤气灶，也有下面自带烤炉的类型。

桌板（吧台顶部）

作为厨房工作台的部分。也叫作工作板。使用难以留下划痕的结实的材料，多为不锈钢或大理石制。贴有小印花瓷砖的设计也很流行。

内橱

由建筑或设备组合而成的机器或家具。厨房中多为洗碗机或内橱。也叫固定橱柜或内嵌橱柜。

厨房的布局

半开放型

一边用吊柜或吧台遮挡，另一边和 LD 开放地连在一起的类型。可以和在餐厅的家人一边说话一边做饭，从餐厅又无法完全看见厨房。

岛型

水池或料理台设置在房间中央的类型。可以绕着厨房进行工作，适合多人一起料理。活动路线较为自由开放的同时，要特别注意清洁和味道的问题。

U 型

所有设备组成 U 型的厨房。其优点在于活动空间更宽敞，收纳空间也很多。必须划出一定程度的空间给厨房。

L 型

把吧台设置成 L 型的类型。水池和灶台分立在 L 型两端，方便短距离作业。角落位置很容易变成死角，要注意收纳用处。

II 型

把厨房设计成平行的两列的类型。一定程度上必须走到深处才能作业。水池和灶台面对面的料理路线使用起来更方便。还能确保足够大的收纳空间。

I 型

水池和灶台设计在同一列的类型。做饭时活动路线也呈一条直线，比较轻松。适合节省空间的厨房。由于收纳空间不算多，需要另外准备。

衣帽间

步入式的壁橱。人可以走进去并在里面活动，用于放置衣物的收纳空间。多设计在卧室旁边。

跃层

主要用于收纳的设置在顶棚的空间。除了可以设计在LD上方，还能用于儿童房等面积较小的房间，以扩大房间使用面积。

卧室与儿童房的分离

可以享受个人时间的私人房间。除了休闲空间以外，还需要收纳衣服等个人物品。如果儿童房等房间非常小，还要在避免封闭感上下功夫。

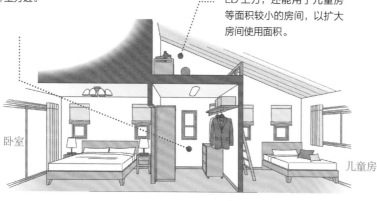

卧室　儿童房

儿童房　卧室

第二客厅

和主要客厅不同的小休息区。多设置在卧室或儿童房等单个房间的边上，是可以一边看书一边听音乐的私人空间。

工作室

工作完可以做西洋画或陶艺等自己感兴趣的活动的地方，又叫兴趣角。

学习室

即书房。用于读书或写字的房间，桌椅、书架齐备。为了让疲劳的眼睛休息一下，可以在窗户选择上下功夫，打造舒适的空间。

\需要了解的知识/

内装的主要材料

●木地板

用于室内地板的木质材料。如果介意木地板的声音，打基础时要在提高隔声性能上下功夫。

●壁纸

墙壁或天花板上用的内装材料，有塑料、日本纸等材质。

●天然木材

从原木上切下的方木料或木板。带有木头的香气，触感良好，并且防潮效果也很好。

●复合板

也被称为胶合板。是由多张裁得很薄的木板按照与纤维方向垂直的方向交叉粘合成的板。

●石膏（水泥）板

将石膏夹成板状的材料。具有防火性、耐热性、耐久性、隔声性等，由于加工方便，常常作为基础材料或收尾材料使用。

●硅藻土

植物性浮游生物（藻类）变成化石后的土。除湿效果很好，还有防止发霉和除臭的效果。其独特的质感也很受欢迎。

●灰泥

石灰掺上麻线等纤维物质加水充分搅拌而成的日本独有的材料。防火性和除湿效果很好。

●瓷砖

贴在地板或墙壁等地方的陶瓷器或塑料制成的薄板。不容易变脏或起火、进水，保养起来很轻松，因此多用于水房。

和室的分离

虽然从前的和室已经不常见了，但在榻榻米上能自由横躺竖卧的设计还是很受欢迎的，还能作为接待室或自由空间使用。最近还出现了设计简约时尚的和室。

顶柜

壁橱上方带门的收纳空间。由于位置较高，不适合放置需要频繁取用的东西或者较重的东西。

吊式壁橱

可以装下被褥的较深的收纳空间，下方设计成悬挂在地板上的状态。下部空间可以设置地窗来确保采光或通风，有各种各样的活用方法。

门楣

隔扇等推拉门的上方的横梁，为了开关方便设有沟槽。与推拉门下方的门槛相对。顺便一提如果是西式门框的话叫作上框。

外廊

设置在榻榻米房间外侧贴着木板的空间。是连接室内室外的场所，从这里可以直接踏入房间。也有把位于室内的一侧叫作内廊，室外的一侧叫作外廊的情况。

门槛

装在隔扇等拉门下方带沟槽或轨道的水平木材。和上方的门楣相对。要求有一定的硬度，且易于滑动。

壁龛

在比榻榻米高一个台阶的地方做成的用于放置花瓶等装饰物，正面墙壁挂有卷轴的装饰空间。

洗手间的分离

缓解工作或家务活的疲劳，和孩子一起洗漱等，这是开启新的一天的空间。在保证隐私的前提下做让人心情舒畅的设计，抓住功能性和休闲性的平衡，打造令人舒适的空间。

洗面台

收纳柜上放有水池的设计。家里人数多的情况下要设置两个或一个大型水池更方便。

无水箱式坐便器

没有蓄水水箱的坐便器。由于设计简单且节省空间，非常受欢迎。有必要和洗面台分开设置。

温泉角

浴室的窗外可以享受室外风景的设计。能够确保浴室的通风和采光。如果设计在能从浴室进出的位置上，可以打造奢侈的休闲空间。需要注意遮挡。

组合浴室

浴缸和地板、墙壁、天花板一体化的浴室。也被称为系统化浴室。在木制住宅中定制款的浴室被称为固定浴室。

高隔热浴缸

在浴缸四周使用隔热性能良好的材质。具有很高的保温性。配有专用的隔热浴缸盖，是能够防止热水变冷的资源节约型设计。

三合一

洗手间、洗手间、浴室三合一的设计。省略了隔断墙，能够有效利用空间。其优点在于能制作开放式洗手间，特别适合狭小的地方。

需要了解的知识

窗户

● 窗框的种类

住宅用窗框中较为普及的是轻便耐用且防火防锈性能良好的铝制窗框。除此以外，具有高隔热性或耐震性的朴素风格的木质窗框也很流行。还有多用于寒冷地区的高隔热性树脂窗框，外侧为陶瓷、内侧为木质或树脂制的复合型窗框。

● 玻璃的种类

最常用的是平板玻璃。要有遮挡效果的话，则用单面磨砂玻璃或带花纹的装饰玻璃。追求安全性防止破了之后碎片乱飞的嵌有网状金属的带网玻璃或经过冷热加工的钢化玻璃。隔热性能好的有在玻璃表面涂上特殊材质的防紫外线的Low-E玻璃或双层玻璃等。箱子形状的玻璃砖则具有良好的耐热性和隔声性，也有室内设计的风味。

复合玻璃
两层玻璃之间有一层透明薄膜。一旦破了，碎片也不会乱飞的玻璃。是兼有防盗隔声效果的玻璃的一种。

双层玻璃
两层玻璃之间填充有干燥的空气等封闭式玻璃。其特征在于隔热性强。也叫双重玻璃。

窗户的类型

天窗
位于屋檐内的窗户。住宅密集区或不好装窗户的地方大多通过在头顶设置天窗来保证采光。

飘窗
突出在墙壁之外的窗户。突出成吧台状的窗户叫作凸窗，弓形窗户叫作环形窗。

观景窗
可以从室内远眺周围风景的窗户叫作观景窗。为了观赏风景，设计阶段必须好好计划。

高窗
设置在天花板附近的墙壁高处的窗户。如果和地窗相对，换气效果会更好。防盗性能也很好。

地窗
设置在地板上方狭小位置的窗户。确保隐私的同时脚边还能感觉到风吹过。

倚臂窗
坐在地板上时能把胳膊肘搭上去的窗户。多用于和室等能坐在地上的房间。也叫扶手窗。

齐腰窗
设置在离地板高度约90cm的窗户。窗户下放有家具。

落地窗
能够供人出入的窗户，门槛做成和室内地板同一高度（阳台等有防水需求的地方除外）。

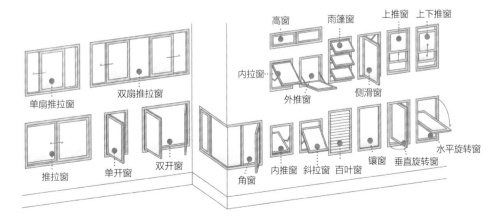

135

楼梯的分离

最近，有很多把楼梯设置在客厅内的节省空间的设计，既能享受到上层阳光和开放感，又能作为家人的交流空间活用。不仅起到简单的上下楼作用，还能通过在制作方式上下功夫来打造丰富的空间。

玄关与走廊的分离

来访的客人第一步踏进的玄关必须兼备功能性和设计感，迎接家人或客人的到来。由于放着很多鞋子或雨具、室外工具等物品，包括走廊要确保足够的收纳空间。

踏板

上下楼梯时脚踏上去的一面。踏板在保证安全的基础上，最好做成宽 23cm 以上的大小。也叫作楼梯板。

楼梯平台

楼梯之间的小空间。多位于楼梯转角处。上下途中方便休息，对老人小孩来说也很安全。

衣帽间

玄关旁边用于收纳鞋子或雨伞、大衣的地方。多设计成可以从土间直接穿着鞋走进去的样式。宽度足够的话还能用来放婴儿车等。

土间

玄关中可以穿着鞋走进去的部分。从前是由土和石灰混合而成的地方，现在由硅藻土或灰泥、钢筋混凝土做成的地方也叫土间了。

横框

玄关或后门等地的土间和室内地板有一定高度差的地方贴着的横木。作为装饰材料，使用榉木等木纹美观的木材或人造大理石。

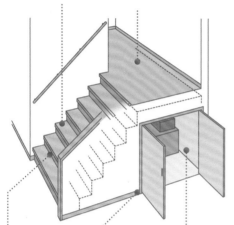

竖挡板

和楼梯踏板垂直的板。框架楼梯中，可以省略这一挡板设计出非常轻便的楼梯。

死角

设计方案或构造中无法有效使用的空间。楼梯下方也可能变成死角。如果能灵活运用死角，也许可以产生意想不到的收纳空间。

楼梯下收纳

做在楼梯下半部分的收纳空间。装上门的话看起来也很清爽。因为有一定深度，适合用于收纳季节性家电或玩偶、室外用品等大型物品。

榻榻米

家里和外面地面一样高的地方。是连接室内和室外的空间。有时也指玄关脱鞋的地方。土间够宽的话还能用来放自行车或活用于 DIY 工作室。

壁龛

墙壁凹进去的地方做成的小壁橱。设置在走廊或玄关大厅、客厅内，用花朵或杂物装饰，加上照明更是别有风味。

大厅

大厅的意思是大开间，聚集地等。在住宅中是指进入玄关的空间或踏上楼梯后二楼空间等稍稍驻足的地方。

门窗的类型

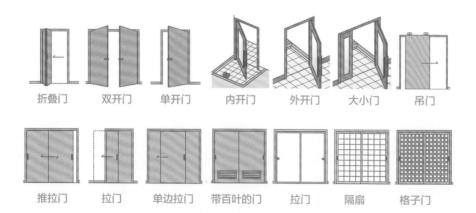

折叠门　双开门　单开门　内开门　外开门　大小门　吊门

推拉门　拉门　单边拉门　带百叶的门　拉门　隔扇　格子门

门窗

●门窗隔扇的种类

设置在墙壁的开口处，可以打开关闭的隔断叫作门窗，包括拉门、隔扇、窗户、门。门窗作为出入口，有门这种可以打开的类型，也有拉门或者隔扇这种可以滑动的类型。门必须有开关的空间，因此必须在设置场所和开关方向上下功夫。拉门不需要前后的空间，但需要左右滑动的空间。

收纳

●收纳的类型

为了打造方便整理的收纳空间，根据使用频率、放置场所和拿放方法进行设计。一般设置在使用地点附近。贮藏品或应季性这类很少拿放的东西可以放在走廊的储藏室或顶棚阁楼等稍远的地方。每天要用的东西要放在容易拿到的开放式置物架上，很容易不见的小东西放在可以看见底部的抽屉式收纳柜中。根据物品特性来设计的话，使用起来更方便。

壁橱收纳
为了不让里面的东西一览无余，用柜门关起来的收纳。由于物品种类和大小各异，其优点在于能藏起充满生活痕迹的东西，让房间看起来更清爽。

开放式收纳
物品排列在没有柜门的置物架上，或者吧台等吊柜上，是显而易见的类型。一下子就能拿到想要的东西，方便性和室内装饰的乐趣是其优点所在。

阁楼收纳

利用二楼的天花板内（顶棚）做出的收纳空间。如果能满足天花板高度和地板面积等条件，还能延长一点儿放下床铺。

吊柜

挂在天花板或墙壁上带门的收纳柜。不要浪费了头顶的空间，可以将其用于收纳。多用于厨房。

吧台收纳

设计在厨房和餐厅之间的隔断吧台下方的收纳空间。两面都装上柜门的话，从两边都能用。

墙面收纳

不浪费地板到天花板之间的距离做成的收纳空间。放不下家具反而能保证充足的收纳空间。也有做在走廊或洗手间内的案例。

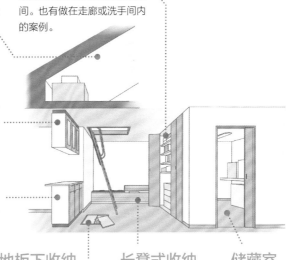

地板下收纳

在地基和地板之间的收纳仓库。常用于厨房或洗手间等。也可以用于和室的榻榻米下面。

长凳式收纳

在客厅或玄关等设置长凳，中间用于收纳。上面盖有盖子的话，侧面可以设计抽屉。

储藏室

具有一定宽度的房间状的收纳空间。通常来说密闭型的较多，不需要担心通风换气等问题。

照明的类型

直接照明
来自光源的光线直接照亮的方法。一般在天花板等没有遮挡光线的障碍物的地方装上照明用具。饭桌上的吊灯或客厅的吸顶灯也是这种类型。

间接照明
照明器具的光线不能直接被接收，而是通过墙壁或天花板反射过来的间接照明方法。与直接照明相比，光线更为柔和温暖。多用于建筑类照明等。

部分照明
在沙发看书或者在厨房做饭的时候，装饰在墙壁上的灯具只照亮想被照亮的那部分。有台灯或聚光灯、壁灯等。

整体照明
挂在房间中央，能够均衡地照亮整个空间的照明。可以通过多装吸顶灯或吊灯的形式达成。

照明

●照明的种类

一个房间里，除了照亮房间的照明，还有照亮部分的灯或光线柔和的各种各样的照明类型，可以享受不同的光影乐趣。比如客厅等地方，人员齐聚时就用整体照明，只有家人休闲的时候就用部分照明或间接照明，以营造柔和的令人安心的空间。为此，在设计阶段就必须把照明计划包括在内。

●光源的种类

住宅中所使用的代表性光源有三种。除了白炽灯和荧光灯之外，最近 LED 灯也多起来了。白炽灯是暖色系的柔和光线，可以早点开灯调节光线，适合用在开关灯频繁的洗手间或走廊上。照明范围较广较亮的荧光灯，由于很少有影子，最适合用于工作。LED 灯的优点在于节约能源，使用寿命长。价格虽然有些高，但长期且使用反而更省钱。

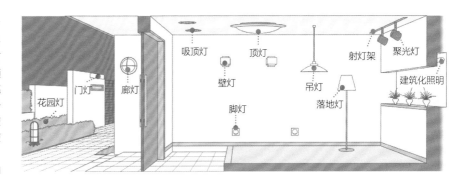

花园灯　门灯　廊灯　吸顶灯　顶灯　壁灯　吊灯　射灯架　聚光灯　建筑化照明　脚灯　落地灯

凉亭

为了种植藤蔓植物遮挡阳光而设计的棚子。一般设置在露台或阳台、庭院中。没有植物就算只挂一块布也能挡太阳。

雨篷

装在窗户或者出入口处用于遮阳挡雨的东西。根据季节或天气可以展开或叠起，还可以仔细控制室内的光照。有电动式和手动式两种。

防水帆布

为了防止阳光直射和雨水，把涂有焦油的防水帆布张在雨篷上。住宅中也可以在露台上方挂上防水帆布制造阴影或是调节照向室内的光线。

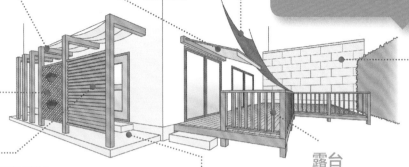

阳台等的分离

家的舒适性会随着外部空间的连接方式的变化而改变。在连接客厅的阳台或餐厅外设置露台等，屋外也可以作为生活空间来享受。或是把中庭围起来加上建筑物，在家里也能愉快地享受自然光和风。

格形篱笆

木质格子状的栅栏。可以作为挡板或隔断设置在露台或阳台等地方。上面可以种植植物，或是用来挂东西。

高墙

为了确保露台等地方的私密性，以遮挡外部视线为目的而建的高墙。

百叶窗

将被称为翼板的细长型木板空出一定缝隙平行地组合在一起。通过调节翼板的角度，可以用于遮阳或者采光和通风，甚至遮挡视线。也有用于隔断墙或者门窗的时候。

内部阳台

设置在住宅内部的阳台。因为有屋檐，可以把延伸出的地板面积包括在内。地板是用外用瓷砖等作成的，可以在上面放上植物盆栽或者花园桌子，打造半外部空间。

外部阳台

伸出建筑物外面的地板部分。一般比一楼地面高一个台阶，可以从室内直接出入。铺有地砖或水泥砖。

露台

建筑物伸向庭院的部分，用木地板铺成的外部空间。连接客厅或餐厅的话，可以给房间带来向内外开拓的开放感，还能作为游乐场或休憩场所使用。

温室

起源于欧洲，是为了保护植物不受冬天严寒而用玻璃围起来建造的温室。虽然很像阳光房，但比阳光房更注重享受花园的乐趣。

阳光房

为了满足充分的太阳光照，利用天花板或墙壁的一部分建成，或者整体都用玻璃制成的带有较大开口部的房间。除了可以设置在靠近客厅的地方，还可以设置在杂物间旁作为晒东西的地方来活用。

中庭

被建筑物包围的庭院。既可以给家里带来采光或通风，又能保证隐私作为外部空间来使用。常见于住宅密集区等很难向外开窗户的住宅。也叫作天井。

楼顶阳台

设置在楼下屋檐部分的阳台。空间宽敞具有开放感，因此可以作为第二客厅活用于生活空间。也叫楼顶露台。

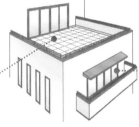

阳台和露台

建筑物外侧突出的通道状的细长空间。有屋檐的叫作阳台，没有屋檐的叫作露台。

内院

建筑物或围墙围起来的小庭院。设置在进入玄关大门时视线首先到达的地方，或是在浴室泡澡时能看见的位置。通过小小的绿植营造和谐宁静的氛围。

采光井

为了满足地下室的采光或通风、防湿等，沿着外墙墙角设置的空间。也叫干壕沟。通过设置符合建筑基本法规的采光井，可以将地下室作为客厅来使用。

隔声室

为了听音乐或演奏乐器而设置的具有隔声设备的房间。地板、墙壁、天花板等构造都选取难以传声的设计，出口处也装上隔声门。

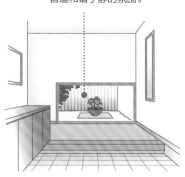

植物

种在庭院或通道等地方的花草树木。前面道路旁设有大门或围墙，种着植物的部分也能叫作矮树篱笆。

地下换气口

地板下为了通风和防湿，在地基的外围设置的小开口。

雨水槽

用来积蓄雨水的容器。可以用来浇灌庭院或者洗车，具有节水作用。还能用作非常时期的储备。有的地区会发放补助来设置雨水槽。

屋顶天花板

在屋顶内部，比外墙稍微突出一些的部分叫作屋檐，其内侧（屋檐内侧）贴有木板的那一面叫作屋顶天花板。

标志性树木

可以作为家庭标志的树木。主要种植在玄关四周或庭院中央。如果种落叶树，可以享受季节变化的乐趣，对于调节室内光线也很有用处。

立槽

用于收集流到屋檐下的雨水然后通过下水道排出的管道叫作雨水槽。屋檐内的被称为檐槽，从屋檐通往地面的垂直立着的水管叫作立槽。

外观与外围的分离

既能融入街道又能彰显房主个性的建筑外观自不用说，通道或玄关周围的陈设、车库的打造方法等，外围的设计也要兼顾舒适度和设计感。

排气口

为了保证良好的室内环境，以更换室内室外空气为目的在墙壁上设置的排气洞口。

外廊花园

窗室外立着的网格或格形篱笆，适合种植藤蔓植物。除了遮挡室内的直射阳光，还可以通过植物的散热作用降低周围温度。夏天还能省电。

自带车库

把车库围在住宅内的设计。除了可以有效利用狭小的土地以外，如果车库可以直接通往室内的话，拿放行李或雨天的进出也很方便。

需要了解的知识

外观的主要材料

● 电镀铝钢板

铝合金钢板。具有防腐性、耐热性强的优点，可用于外墙或屋顶。加工方便。

● 墙板

板状的外墙材料。除了水泥等原料做成的混凝土系以外，还有金属系、树脂系、木质系等。各自具有隔热性或防火性高、设计感强等特征。

● 灰浆

水泥和沙子用水搅拌混合而成的。具有耐火性，造价便宜且施工方便的泥瓦材料（涂料）。

● 石膏涂料

石膏、灰泥、土等用水搅拌混合而成的刷墙用的涂料的总称。

● ALC

含有少量气泡的混凝土。其为板状形态时被称为 ALC 或 ALC 护板。轻便且隔热性、耐火性高。

● 瓦

屋顶材料。把黏土固定成一定形状，然后用炉子加热，得出的石制材料。

● 石板

用于屋顶或外墙的材料。有把泥板岩加工成薄板的天然石板和水泥中掺入纤维高压合成的装饰石板等。

桩基

二层以上建筑物中一楼仅用柱子支撑的部分。玄关设置在比二楼缩进去一块的地方就可以用桩基。多用做车库或车库。

通道

从道路或大门通往玄关的小路。用砖或枕木蒲城，或者设计成花坛等，方法多样，是非常休闲愉悦的空间。

门廊

设计在建筑物中突出来的地方，阳光直射或带有屋檐的空间。设置在玄关的话叫作玄关门廊。

屋顶的类型

歇山屋顶
双坡屋顶和四坡屋顶的合体。由于厚重给人一种高格调的印象，多用于和式风格的住宅。

四坡屋顶
向四方倾斜的屋檐。构造结实，台风天的抗压能力也很强。和式、西式住宅都能使用的百搭屋顶。

半双坡屋顶
双坡屋顶的中间开始倾斜的屋顶。多用于法规对道路斜线或阴影规格有限制的情况下。

双坡屋顶
向两个方向倾斜的简单的山形屋顶。造型合理，也不用担心积水问题。可以看见屋顶三角形的地方叫作坡。

平屋顶
没有倾斜的近乎呈平面的屋顶。多用于钢筋混凝土建筑。

单坡屋顶
只向一个方向倾斜的形状简单的屋顶。施工简单且不用担心积水问题。外观简约且时尚。适合面积狭小的住宅。

方形屋顶
四坡屋顶的一种。从定点向四周倾斜，且各个方向都为同一角度。外观美丽，多见于寺院等地方。

大屋顶
一片屋顶覆盖多个楼层的生动的形状。可以做斜面天花板，多用于收纳或通风。

单坡檐屋
设置在比住宅整体的屋顶矮一层的地方，从墙壁延伸出的单片屋顶。用于一楼比二楼宽敞的住宅的一楼部分。

住宅设计的术语总结

需要了解的重点术语我们都用图解的方式进行了归纳，供大家参考。

构造、工法、设备相关术语

【木质嵌板施工法】

把作为建筑物整体构造的地板、墙壁、天花板规格化成嵌板，在工厂生产完毕后搬进施工现场进行组合的施工方法。

【2×4施工法】

断面尺寸为2英寸×4英寸的木材制作而成的框架，用于支撑平面的构造。也叫木框架施工法。耐震性或隔热性强，可以打造没有柱子的空间。

【木质轴组式施工法】

支柱或横梁等木材做成框架型，再用斜支柱进行补充的日本传统施工方法。结构上的限制很小，布局自由度高。开口也方便。

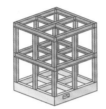

【重型钢结构（框架结构）施工法】

在支柱或横梁上采用直径6mm以上的钢筋，连接处用螺栓连接的一体化施工方法。可以支住柱子之间的间隔，打造大开口或没有墙壁的宽阔空间。

【轻钢结构（轴组式结构）施工法】

构造和木质轴组的施工方法基本一样，只是在支柱或横梁采用直径6mm以下的钢筋取代木材，再用斜支柱（支撑）进行补充的施工方法。

●木质轴组式施工法的结构

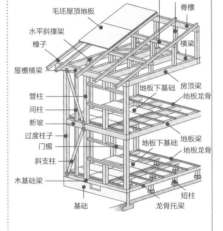

正屋
房顶短柱
脊檩
毛坯屋顶地板
水平斜撑架
横梁
椽子
屋檐横梁
管柱
间柱
断坡
过度柱子
门楣
斜支柱
木基础梁
基础
龙骨托梁
短柱
地板下基础
房顶梁
地板龙骨
地板梁
地板下基础
地板龙骨

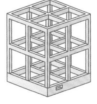

【钢筋混凝土墙式结构】

没有支柱，用钢筋混凝土做地板或墙壁的构造。具有良好的耐震性、耐火性和耐久性。因为造价很高，所以设计自由度也很高，还具有隔声性能。

【钢筋混凝土框架结构】

张力强的钢筋和压缩力强的混凝土的组合，硬度非常高。也叫RC施工法。支柱和横梁一体化的组合叫作框架结构。

【承重墙】

承受房屋重量等垂直方向的力，与地震或强风等水平方向的力相抗衡，为了支撑建筑物而设计的墙壁。承重墙在重建房屋时也不能除去。相对的，对空间起隔断作用的隔断墙被称为非承重墙。

【构造用合板】

用于支撑住宅躯干的结构材料，作为地板、墙壁和屋顶基材来使用。和斜支柱起到同样的作用，除了抗震性、抗风性以外，还具有较高的密封性和隔声性。

【躯干、结构材料】

躯干是指建筑物的基础、支柱、横梁、地板、墙壁等结构（框架组合），具有一定硬度的部分。作为结构材料，是支柱或横梁、承重墙等支撑建筑物的框架部分的材料。

【地基】

浮式地基

建筑物地板下整体由钢筋混凝土构成的基础，以整个平面来支撑建筑物。混凝土用量较大，比条形地基更高。适用于软地。

条形地基

建筑物外墙或隔断墙下用连续的钢筋水泥制作而成的地基。呈T形，可以大范围增加受力面从而支撑建筑物。适用于硬地。

单钢筋

钢筋混凝土构造中，格子形钢筋构造的内芯。纵向一列埋在混凝土里面的叫作单钢筋。

双钢筋

同样用于格子形钢筋构造中，两列的叫作双钢筋。因为钢筋的数量变多，所以比单钢筋更结实。

【抗震】

强化支柱或墙壁，地震晃动时也不会倒塌。是非常普通的抗震方法。虽然建筑物会晃动，但实际倒塌率很低。

在建筑物和地基之间装入免震装置，将地基和建筑物分隔开，不会传递震感的结构。效果很好但成本也很高。

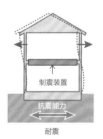

建筑物内部的墙壁或房梁等能够吸收震动的制动装置。抑制建筑物本身震动的构造。施工相对简单。

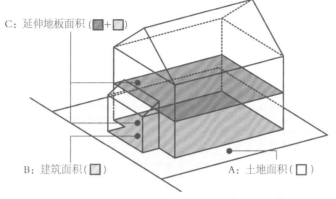

C：延伸地板面积 (■+□)

B：建筑面积(□)　　　　　　　　A：土地面积(□)

【容积率】

容积率是指土地面积中能用于建筑物的地板面积的比率。它决定了这块土地上最大能建多大的房子。比如100 ㎡的土地上容积率为100% 的话，最大可以建延伸地板面积 100 ㎡的住宅。

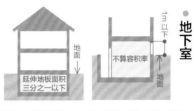

地下室

满足一定条件的话可以缓和容积率，地下室的面积不包含在延伸地板面积之内（包括地下室部分的赠送面积不能超过延伸地板面积的三分之一）。为了满足这一条件，地下室天花板里地基表面的高度不能高于1m，天花板高度三分之一以上要比地基面更低，并且带有采光井。

【面积的缓和】

根据现行的土地基本法，地下室、阁楼、飘窗或车库等符合一定条件的地方可以不包含在延伸地板面积之内。这叫作容积率的缓和，如果能妥善利用，可以有效活用大小有限的土地面积。也有能打造出比容积率决定的面积还要大的住宅的情况。

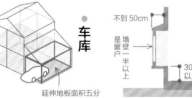

车库

建筑物内要设有车库的话，不超过延伸地板面积五分之一的面积可以不计算在内。比如车库有 30 ㎡，包括车库在内延伸地板面积合计为 150 ㎡的情况下，车库部分的地板面积可以完全算赠送面积。

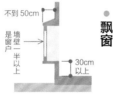

飘窗

飘窗离地板的高度超过30cm，突出外墙的部分不超过50cm，墙壁一半以上都是窗户的情况下，可以不计算在延伸地板面积之内。在突出的窗户下打造收纳空间的话就不能被视作飘窗，要算在延伸地板面积之内。

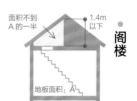

阁楼

离天花板不超过1.4m，地板面积不超过下层地板（阁楼建在二楼的话就是二楼地板）的二分之一，设有可移动式楼梯的阁楼，不计算在建筑面积之内。

【建筑率】

专用地区的种类会决定土地上建筑物的大小。它决定的就是所谓建筑率或容积率。建筑率是指建筑面积占所在土地面积的比率。建筑率规定了土地面积中多大的部分能用于建筑物，或者反过来说，不得不留下多大的空地。比如，100 ㎡的土地上建筑率只有 50% 的话，建筑物占地面积最多就只有 50 ㎡。

【狭小地】

多见于市中心的住宅密集区等地，指面积狭小的土地。在这种地皮上建的面积非常小的住宅被称为狭小住宅。小房子必然活动路线短，走起来方便，维护上也不需要花费太多材料费和精力。

【削土、堆土】

在斜坡等地方建房子时，为了把它变成平地，需要做些把土铲走之类的宅基地建造工程。这就叫削土。原本就是被切平的地面，因此大多比普通地皮还要坚实。另一方面，把土堆起来使土地扁平的方式叫堆土。在原有地皮的基础上新堆出来的土地部分和原有部分的硬度不同，多少会容易下沉，必须有预防措施。相关建造方法在各个地区的地图上都会公布，要事先确认。

【旗杆地】

土地前的道路和土地连接的部分呈细长形延伸，内部呈四方形的土地。这种形状的土地像是带有竿子的旗帜，因此得名。一般来说，旗杆部分都会作为车库或通道来使用，内部四角形地方用于建房子。由于和道路之间有一定距离，可以打造非常安静的居住环境。也有逆转土地形状将其设计成通道等方式，根据不同的设计可以做出各种有趣的住宅。也叫甬道形土地。

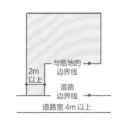

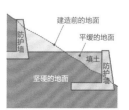

特别鸣谢

建筑师

明野岳司

1961 年出生于东京都。1988 年毕业于芝浦工业大学，硕士研究生学历。曾于矶崎新设计室任职，2000 年创立明野设计一级建筑师事务所。

明野美佐子

1964 年出生于东京都。1988 年毕业于芝浦工业大学，硕士研究生学历。曾于小堀住研株式会社（现 SBL 株式会社）、中央研究所任职，2000 年创立明野设计一级建筑师事务所。

明野设计一级建筑师事务所

大塚泰子

1971 年出生。1996 年毕业于日本大学研究生院工学部，获建筑工学硕士学位。毕业后就职于株式会社 Arts & Crafts 建筑研究所。参与"小小的家系列"设计工作。2003 年创立自己的事务所。

Noanoa 空间设计工房

小山和子

1955 年出生于广岛县。毕业于女子美术大学艺术学部。1987 年入职小山一级建筑师事务所，1995 年和涌井辰夫一起成立现在的事务所。

涌井辰夫

1951 年出生于东京都。毕业于工学院大学专修学校建筑系。1995 年和小山和子一起成立现在的事务所。

Plan Box 一级建筑师事务所

中村高淑

1968 年出生于东京都。毕业于多磨美术大学美术学部建筑系。曾于设计事务所任职，1999 年离职，2001 年与合伙人共同创立 unit-H 中村高淑建筑设计事务所。

unit-H 中村高淑建筑设计事务所

中山薰

1991 年毕业于曼彻斯特大学建筑系，获伦敦大学 Bartlett 建筑学院 diproma 证书。曾于设计事务所任职，2002 年与盛胜宜一起成立事务所，2003 年开始正式运营。

盛胜宜

1966 年出生于日本鹿儿岛。1990—2002 年工作于日本。2002 年和中山一起成立事务所。

FISH+ARCHITECTS 一级建筑师事务所

建筑设计事务所

艺术与手工艺建筑研究所	Chardonay 福井	Beads Supply
A seed 建筑设计事务所	Chardonay 福冈	光与风设计室
Atelier House	Chardonay Home	Built works
Atelier Glocal 一级建筑师事务所	Studio Style 工作室	FAST 设计
志茂工作室	设计工作室 /Arch-Planing Atelier	Field 平野一级建筑师事务所
SORA 工作室	濑野和宏 + 设计工作室	Polatect House
捉迷藏建筑设计室	Dining plus 建筑设计事务所	宫地亘设计事务所
水花天空建筑实验室	田中娜美工作室	MONO 设计工作室
M.A.D+SML	谷田建筑设计事务所	山冈建筑研究所
KURASU 工作室	The Products 建筑设计事务所	Euro J Space
Freedom 建筑设计事务所	共同设计	Light Staff 设计工作室
Komu House	长浜信幸建筑设计事务所	Love 设计之家
佐贺 · 高桥设计室	大浦比吕志创作设计研究所	
The Green Room	荻原健治建筑研究所	
下田设计东京事务所		

摄影

Akunenobuya、瓜坂三江子、川隅知明、木奥惠三、坂本道浩、佐佐木干夫、泽崎信孝、志原雅明、千叶充、林 Hirosi、广濑麻子、藤原武史、松井 Hirosi、松竹修一、宫田知明、山口幸一、主妇之友摄影科（黑泽俊宏、佐山裕子、柴田和宣、铃木江实子、松木润）

插画

永峰裕子、酒井葵、长冈伸行

布局图

长冈伸行

图书在版编目（CIP）数据

住宅格局全攻略：户型优化的112个秘诀 / 日本主
妇之友编；黄若希译 . —— 南京：江苏凤凰科学技术出
版社，2018.8
　　ISBN 978-7-5537-9380-1

　　Ⅰ . ①住… Ⅱ . ①日… ②黄… Ⅲ . ①住宅 – 室内装
饰设计 Ⅳ . ① TU241

中国版本图书馆 CIP 数据核字 (2018) 第 142997 号

江苏省版权局著作权合同登记：图字10-2018-114号

Hitsudokuban Saikou No Ie Wo Tsukuru "Madori" No Kotsu 112
ⓒShufunotomo.Co.,Ltd. 2014
Originally published in Japan by Shufunotomo Co., Ltd
Translation rights arranged with Shufunotomo Co., Ltd.
through Shinwon Agency Beijing Representative Office
Chinese simplified character translation rightsⓒ2018 Tianjin Ifengspace Media Co.,LTD

住宅格局全攻略：户型优化的112个秘诀

编　　　者	[日]主妇之友	
译　　　者	黄若希	
项 目 策 划	凤凰空间/陈舒婷	
责 任 编 辑	刘屹立　赵研	
特 约 编 辑	陈舒婷	

出 版 发 行	江苏凤凰科学技术出版社
出版社地址	南京市湖南路1号A楼，邮编：210009
出版社网址	http://www.pspress.cn
总 经 销	天津凤凰空间文化传媒有限公司
总经销网址	http://www.ifengspace.cn
印　　　刷	北京博海升彩色印刷有限公司

开　　　本	889 mm×1 194 mm　1 / 16
印　　　张	9
版　　　次	2018年8月第1版
印　　　次	2018年8月第1次印刷

标 准 书 号	ISBN 978-7-5537-9380-1
定　　　价	78.00元

图书如有印装质量问题，可随时向销售部调换（电话：022-87893668）。